한국수학학력평가
KMA (Korean Math ...)

1 KMA 특징

현직 교수, 박사급 출제위원!

1:1 KMA 평가 전문 상담!

교과 기본/응용/심화 + 창의 사고력 도전 평가 빅데이터 결과분석

KMA 한국수학학력평가는 개개인의 현재 수학실력에 대한 면밀한 정보를 제공하고자 인공지능(AI)을 통한 빅데이터 평가 자료를 기반으로 문항별, 단원별 분석과 교과 역량 지표를 분석합니다. 또한 이를 바탕으로 전체 응시자 평균점과 상위 30 %, 10 % 컷 점수를 알고 본인의 상대적 위치를 확인할 수 있습니다.

KMA 한국수학학력평가는 단순 점수와 등급 확인을 위한 평가가 아니라 미래사회가 요구하는 수학 교과 역량 평가지표 5가지 영역을 평가함으로써 수학실력 향상의 새로운 기준을 만들었습니다.

KMA 한국수학학력평가는 평가 후 희망 학부모에 한하여 진단 상담 신청서와 상담 예약서를 작성하여 자녀의 수학학습에 관한 1 : 1 상담을 받을 수 있습니다.

2 KMA/KMAO 평가 일정 안내

구분	일정	내용
한국수학학력평가 (상반기 예선)	매년 6월	상위 10% 성적 우수자에 본선 진출권 자동 부여
한국수학학력평가 (하반기 예선)	매년 11월	
왕수학 전국수학경시대회 (본선)	매년 1월	상반기 또는 하반기 KMA 한국수학학력평가에서 상위 10% 성적 우수자 대상으로 본선 진행

※ 상기 일정은 상황에 따라 변동될 수 있습니다.

3 KMA(하반기) 시험 개요

참가 대상	초등학교 1학년~중학교 3학년
신청 방법	해당지역 접수처에 직접신청 또는 KMA 홈페이지에 온라인 접수
시험 범위	초등 : 2학기 1단원~4단원
	중등 : KMA홈페이지(www.kma-e.com) 참조

※ 초등 1, 2학년 : 25문항(총점 100점, 60분)　　▶ 시험지 內 답안작성
※ 초등 3학년~중등 3학년 : 30문항(총점 120점, 90분)　　▶ OMR 카드 답안작성

4 KMA 평가 영역

KMA 한국수학학력평가에서는 아래 5가지 수학교과역량을 평가에 반영하였습니다.

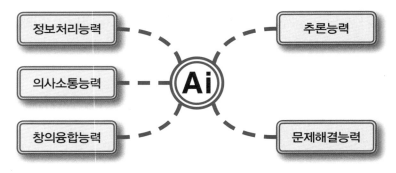

5 KMA 평가 내용

| **교과서 기본 과정**
(10문항) | 해당학년 수학 교과과정에서 기본개념과 원리에 기반 한 교과서 기본문제 수준으로 수학적 원리와 개념을 정확히 알고 있는지를 측정하는 문항들로 구성됩니다. |

교과서 기본 과정 (10문항) : 해당학년 수학 교과과정에서 기본개념과 원리에 기반 한 교과서 기본문제 수준으로 수학적 원리와 개념을 정확히 알고 있는지를 측정하는 문항들로 구성됩니다.

교과서 응용 과정 (10문항) : 해당학년 수학 교과과정의 수학적 원리와 개념을 정확히 알고 기본문제에서 한 단계 발전된 형태의 수준으로 기본과정의 개념과 원리를 다양한 상황에 적용하고 응용 할 수 있는지를 측정하는 문항들로 구성됩니다.

교과서 심화 과정 (5문항) : 해당학년의 수학 교과과정의 내용을 정확히 알고, 이를 다양한 상황에 적용하고 응용 하는 능력뿐만 아니라, 문제에서 구하는 내용과 주어진 조건과의 상호 관련성을 파악 하여 문제를 해결할 수 있는지를 측정하는 문항들로 구성됩니다.

창의 사고력 도전 문제 (5문항) : 학습한 수학내용을 자유자재로 문제상황에 적용하며, 창의적으로 문제를 해결할 수 있는 수준으로 이 수준의 문항은 학생들이 기존의 풀이방법에서 벗어나 창의성을 요구하는 비정형 문항으로 구성됩니다.

※ 창의 사고력 도전 문제는 초등 3학년~중등 3학년만 적용됩니다.

6 KMA 평가 시상

	시상명	대상자	시상내역
개 인	금상	90점 이상	상장, 메달
	은상	80점 이상	상장, 메달
	동상	70점 이상	상장, 메달
	장려상	50점 이상	상장
학 원	최우수학원상	수상자 다수 배출 상위 10개 학원	상장, 상패, 현판
	우수학원상	수상자 다수 배출 상위 30개 학원	상장, 족자(배너)
	우수지도교사상	상위 10% 성적 우수학생의 지도교사	상장

※ 상위 10% 이내 성적 우수자에 본선(KMAO 왕수학 전국수학경시대회) 진출권 부여

7 **KMA** OMR 카드 작성시 유의사항

1. 모든 항목은 컴퓨터용 사인펜만 사용하여 보기와 같이 표기하시오.
   보기) ① ● ③
   ※ 잘못된 표기 예시 : ✓ ✗ · ∅
2. 수정시에는 수정테이프를 이용하여 깨끗하게 수정합니다.
3. 수험번호란과 생년월일란에는 감독 선생님의 지시에 따라 아라비아 숫자로 쓰고 해당란에
3. 표기하시오.
4. 답란에는 아라비아 숫자를 쓰고, 해당란에 표기하시오.
   ※ OMR카드를 잘못 작성하여 발생한 성적 결과는 책임지지 않습니다.

OMR 카드 답안작성 예시 1 한 자릿수	예1) 답이 1 또는 선다형 답이 ①인 경우

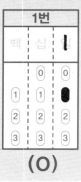

OMR 카드 답안작성 예시 2 두 자릿수	예2) 답이 12인 경우

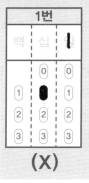

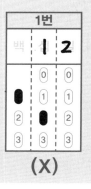

OMR 카드 답안작성 예시 3 세 자릿수	예3) 답이 230인 경우

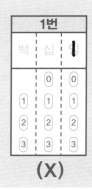

8 **KMA** 접수 안내 및 유의사항

(1) 가까운 지정 접수처 또는 KMA 홈페이지(www.kma-e.com)에서 접수합니다.

(2) 지정 접수처 접수 시, 응시원서를 작성하여 응시료와 함께 접수합니다.
   (KMA 홈페이지에서 응시원서를 다운로드 받아 사용 가능)

(3) 응시원서는 모든 사항을 빠짐없이 정확하게 작성합니다.
   시험장소는 접수 마감 후 추후 KMA 홈페이지에 공지할 예정입니다.

(4) 초등학교 3학년 응시생부터는 OMR 카드를 사용하여 답안을 작성하기 때문에 KMA 홈페이지에서
   OMR 카드를 다운로드하여 충분히 연습하시기 바랍니다.
   (OMR 카드를 잘못 작성하여 발생한 성적에 대해서는 책임지지 않습니다.)

(5) 부정행위 또는 타인의 시험을 방해하는 행위 적발 시, 즉각 퇴실 조치하고 당해 시험은 0점 처리
   되오니, 이점 유의하시기 바랍니다.

9 **KMAO** 왕수학 전국수학경시대회(본선)

KMA 한국수학학력평가 성적 우수자(상위 10%) 등을 대상으로 왕수학 전국수학경시대회를 통해 우수한 수학 영재를 조기에 발굴 교육함으로, 수학적 문제해결력과 창의 융합적 사고력을 키워 미래의 우수한 글로벌 리더를 키우고자 본 경시대회를 개최합니다.

참가 대상 및 응시료	KMA 한국수학학력평가 상반기 또는 하반기에서 성적 우수자 상위 10% 해당자로 본선 진출 자격을 받은 학생 또는 일반 참가 학생 ＊본선 진출 자격을 받은 학생들은 응시료를 할인 받을 수 있는 혜택이 있습니다.
대상 학년	초등 : 초3 ～ 초6(상급학년 지원 가능) 　　　※초1～2학년은 본선 시험이 없으므로 초3학년에 응시 자격 부여함. 중등 : 중등 통합 공통과정(학년구분 없음)
출제 문항 및 시험 시간	주관식 단답형(23문항), 서술형(2문항) 시험 시간 : 90분 ＊풀이 과정에 따른 부분 점수가 있을 수 있습니다.
시험 난이도	왕수학(실력), 점프왕수학, 응용왕수학, 올림피아드왕수학 수준

＊시상 및 평가 일정 등 자세한 내용은 KMA 홈페이지(www.kma-e.com)에서 확인 하실 수 있습니다.

교재의 구성과 특징

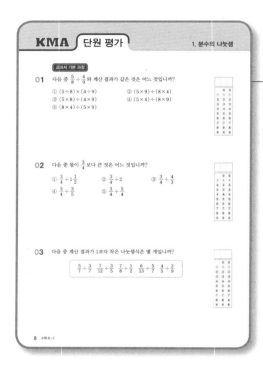

단원평가

KMA 시험을 대비할 수 있는 문제 유형들을 단원별로 정리하여 수록하였습니다.

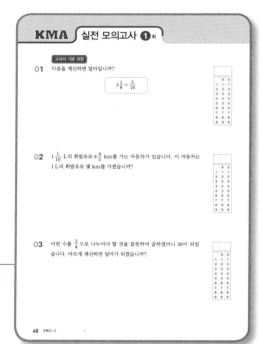

실전 모의고사

출제율이 높은 문제를 수록하여 KMA 시험을 완벽하게 대비할 수 있도록 합니다.

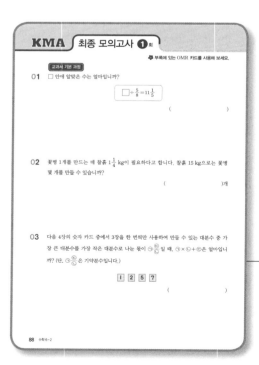

최종 모의고사

KMA 출제 위원과 검토 위원들이 문제 난이도와 타당성 등을 모두 고려한 최종 모의고사를 통하여 KMA 시험을 최종적으로 대비할 수 있도록 하였습니다.

Contents

교과서 기본 과정

01 다음 중 $\dfrac{5}{8} \div \dfrac{4}{9}$와 계산 결과가 같은 것은 어느 것입니까?

① $(5 \div 8) \times (4 \div 9)$ ② $(5 \times 9) \div (8 \times 4)$

③ $(5 \times 8) \div (4 \times 9)$ ④ $(5 \times 4) \div (8 \times 9)$

⑤ $(8 \times 4) \div (5 \times 9)$

02 다음 중 몫이 $\dfrac{3}{4}$보다 큰 것은 어느 것입니까?

① $\dfrac{3}{4} \div 1\dfrac{1}{2}$ ② $\dfrac{3}{4} \div 2$ ③ $\dfrac{3}{4} \div \dfrac{4}{3}$

④ $\dfrac{3}{4} \div \dfrac{3}{5}$ ⑤ $\dfrac{3}{4} \div \dfrac{5}{4}$

03 다음 중 계산 결과가 1보다 작은 나눗셈식은 몇 개입니까?

$$\dfrac{5}{7} \div \dfrac{3}{7} \qquad \dfrac{7}{12} \div \dfrac{3}{5} \qquad \dfrac{7}{8} \div \dfrac{1}{2} \qquad \dfrac{6}{13} \div \dfrac{5}{7} \qquad \dfrac{4}{5} \div \dfrac{2}{9}$$

04 영수는 어제 동화책을 사서 전체의 $\frac{2}{3}$ 만큼 읽었습니다. 읽은 쪽수가 96쪽이라면 이 책은 모두 몇 쪽으로 되어 있습니까?

05 넓이가 $36\ m^2$ 인 직사각형 모양의 꽃밭을 만들려고 합니다. 세로를 $3\frac{3}{5}\ m$로 하면 가로는 몇 m로 해야 합니까?

06 란주가 쓴 글에서 아빠의 몸무게는 몇 kg입니까?

> 아빠와 우주체험관에 갔다. 집에서 잰 몸무게는 36 kg이었는데 화성체험에서 잰 몸무게는 12 kg이었고 달나라 체험에서 잰 몸무게는 6 kg이었다. 신기해서 아빠도 달나라 체험에서 몸무게를 재어 보았더니 12 kg이 되었다. 아빠가 집에서 몸무게를 재면 몇 kg이 될까?

07 ㉮÷㉯의 몫을 $㉠\dfrac{㉢}{㉡}$으로 나타낼 때, ㉠+㉡+㉢의 최솟값은 얼마입니까?

> ㉮ $\dfrac{1}{7}$이 15개인 수   ㉯ $\dfrac{1}{8}$이 5개인 수

08 계산 결과가 단위분수인 것은 어느 것입니까?

① $2\dfrac{3}{4}\div 1\dfrac{1}{6}$ ② $1\dfrac{1}{4}\div 2\dfrac{1}{7}$ ③ $\dfrac{8}{15}\div 6\dfrac{2}{5}$

④ $1\dfrac{1}{8}\div \dfrac{5}{6}$ ⑤ $2\dfrac{4}{5}\div \dfrac{7}{10}$

09 ☐ 안에 들어갈 수 있는 자연수들의 합은 얼마입니까?

> $8\div\dfrac{4}{5} < ☐ < 12\div\dfrac{3}{4}$

10 □ 안에 알맞은 수를 기약분수로 나타낼 때 분모와 분자의 합은 얼마입니까?

$$8 \div \square = 8 \times 2\frac{3}{4}$$

11 $6\frac{2}{5}$ L들이의 물통에 물이 $2\frac{1}{2}$ L 들어 있습니다. 이 물통에 물을 가득 채우려면 $\frac{3}{20}$ L들이의 그릇으로 최소한 몇 번을 부어야 합니까?

12 두발자전거 한 대를 만드는 데 $1\frac{3}{4}$ 시간이 걸립니다. 하루에 8시간씩 2주일 동안에는 두발자전거를 몇 대 만들 수 있습니까?

교과서 응용 과정

13 물이 $1\frac{3}{4}$ L씩 들어 있는 물통이 3개 있습니다. 이 물을 한 그릇에 $\frac{3}{8}$ L씩 나누어 담으려면 그릇은 몇 개가 있어야 합니까?

14 넓이가 $8\frac{2}{5}$ cm²인 삼각형이 있습니다. 이 삼각형의 밑변의 길이가 $4\frac{4}{5}$ cm일 때 높이는 $\bigcirc\frac{\bigcirc}{\bigcirc}$ cm입니다. 이때 $\bigcirc+\bigcirc+\bigcirc$의 최솟값은 얼마입니까?

15 □ 안에 들어갈 수가 가장 큰 것은 어느 것입니까?

① $\square \div \frac{1}{3} = 8$　　　② $\square \div 1\frac{1}{2} = 6$　　　③ $\square \div \frac{8}{5} = 5$

④ $\square \div 2\frac{2}{5} = 2\frac{1}{4}$　　　⑤ $\square \div 3\frac{1}{2} = 3\frac{5}{7}$

16 다음에서 선분 ㄴㄷ의 길이를 $\dfrac{2}{5}$ m씩 자르면 모두 몇 도막이 되겠습니까?

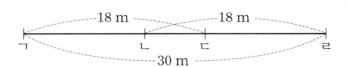

17 영수네 집에서 학교까지 걸어가는 데 20분이 걸리고 그 거리는 $1\dfrac{1}{2}$ km입니다. 영수가 같은 빠르기로 1시간 30분 동안 간 거리를 $\lceil\dfrac{\boxdot}{\boxminus}$ km라고 할 때 $\boxdot+\boxminus+\boxdot$의 최솟값은 얼마입니까?

18 가로가 5 m, 세로가 $2\dfrac{1}{4}$ m인 직사각형 모양의 벽을 칠하는 데 $3\dfrac{3}{5}$ L의 페인트를 사용하였습니다. 1 L의 페인트로 칠할 수 있는 벽의 넓이를 $\lceil\dfrac{\boxdot}{\boxminus}$ m²라고 할 때, $\boxdot+\boxminus+\boxdot$의 최솟값은 얼마입니까?

19 □ 안에 들어갈 수 있는 자연수 중 1보다 큰 자연수는 모두 몇 개입니까?

$$4 \div \dfrac{1}{\square} < 15 \div \dfrac{3}{7}$$

20 3장의 숫자 카드 2, 8, 5 를 모두 사용하여 만들 수 있는 가장 큰 대분수를 가장 작은 대분수로 나눈 몫을 $\bigcirc \dfrac{\bigcirc}{\bigcirc}$ 이라고 할 때, $\bigcirc + \bigcirc + \bigcirc$의 최솟값은 얼마입니까?

[교과서 심화 과정]

21 다음 나눗셈의 몫은 자연수입니다. □ 안에 들어갈 수 있는 자연수는 모두 몇 개입니까?

$$\dfrac{1}{3} \div \dfrac{\square}{36}$$

22 다음은 $\frac{1}{5}$부터 $\frac{1}{4}$까지를 똑같이 4등분 하여 각각 ㉠, ㉡, ㉢이라고 나타낸 것입니다. (㉠+㉡)÷㉢의 값을 $\bigstar\frac{\blacktriangle}{\blacksquare}$라고 할 때 $\bigstar+\blacksquare+\blacktriangle$의 최솟값은 얼마입니까?

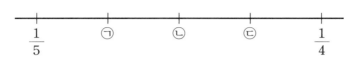

23 다음 식에서 $\frac{㉡}{㉠}$이 기약분수일 때, ㉠+㉡의 값을 구하시오.

$$\cfrac{1}{4-\cfrac{1}{4-\cfrac{1}{4}}}=\frac{㉡}{㉠}$$

24 ㉮역과 ㉯역 사이를 달리는 데 A열차는 2시간이 걸리고 B열차는 A열차보다 $\frac{1}{2}$시간이 더 걸린다고 합니다. 만일 두 열차가 두 역에서 동시에 떠나 마주 향해 1시간을 달린 후 B열차가 그 자리에 섰다면 A열차는 15 km를 더 달려야 B열차와 만납니다. ㉮역과 ㉯역 사이의 거리는 몇 km입니까?

25 진분수의 나눗셈 $\dfrac{\blacksquare}{\bigstar} \div \dfrac{\bullet}{\bigstar}$ 의 몫은 4이고 분자끼리의 합은 20입니다.

이때 진분수 $\dfrac{\blacksquare}{\bigstar}$ 의 가장 큰 값을 $\dfrac{\bigcirc}{\bigcirc}$ 이라고 할 때, ㉠+㉡의 값은 얼마

입니까?

	⓪	⓪
①	①	①
②	②	②
③	③	③
④	④	④
⑤	⑤	⑤
⑥	⑥	⑥
⑦	⑦	⑦
⑧	⑧	⑧
⑨	⑨	⑨

창의 사고력 도전 문제

26 ▲와 ■가 서로 다른 자연수일 때 다음 식이 성립하도록 하는 (▲, ■)

는 모두 몇 쌍입니까? (단, $\dfrac{\blacktriangle}{18}$ 는 진분수입니다.)

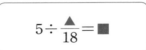

$$5 \div \frac{\blacktriangle}{18} = \blacksquare$$

	⓪	⓪
①	①	①
②	②	②
③	③	③
④	④	④
⑤	⑤	⑤
⑥	⑥	⑥
⑦	⑦	⑦
⑧	⑧	⑧
⑨	⑨	⑨

27 서로 다른 두 수 ㉮와 ㉯가 있습니다. ㉮의 2배는 ㉯의 $\dfrac{3}{4}$ 배와 같고

㉮와 ㉯의 차는 30일 때 ㉮와 ㉯의 합은 얼마입니까?

	⓪	⓪
①	①	①
②	②	②
③	③	③
④	④	④
⑤	⑤	⑤
⑥	⑥	⑥
⑦	⑦	⑦
⑧	⑧	⑧
⑨	⑨	⑨

28 다음과 같은 규칙으로 수를 늘어놓을 때, ㉯÷㉮×26은 얼마입니까?

$$\frac{1}{15}, \ \frac{1}{12}, \ \frac{2}{15}, \ ㉮, \ \frac{1}{3}, \ ㉯, \ \frac{2}{3}, \ \cdots\cdots$$

29 어떤 사람이 36 km의 거리를 일정한 속도로 걸어 여행하기로 하였습니다. 그러나 총거리의 $\frac{1}{3}$ 지점까지 왔을 때, 속도를 처음 속도의 $\frac{1}{4}$ 만큼 줄여 걸었기 때문에 예정보다 2시간 늦게 목적지에 도착하였습니다. 처음에는 한 시간에 몇 km씩 걸었습니까?

30 깊이가 일정한 수영장 바닥에 2개의 막대를 수직으로 세웠더니 긴 막대는 전체의 $\frac{3}{4}$, 짧은 막대는 전체의 $\frac{5}{6}$ 가 물에 잠겼습니다. 두 막대의 길이의 차가 16 cm일 때, 수영장의 깊이는 몇 cm입니까?

교과서 기본 과정

01 19.2÷3.2와 계산 결과가 <u>다른</u> 것은 어느 것입니까?

① $192 \div 32$ ② $1.92 \div 0.32$ ③ $19.2 \div 32$

④ $\dfrac{192}{10} \div \dfrac{32}{10}$ ⑤ $\dfrac{192}{100} \div \dfrac{32}{100}$

02 뺄셈식을 보고 □ 안에 알맞은 수를 구하시오.

$$4.9 - 0.7 - 0.7 - 0.7 - 0.7 - 0.7 - 0.7 - 0.7 = 0$$

$$4.9 \div 0.7 = \boxed{}$$

03 유승이가 마신 우유의 양은 1.8 L이고 한솔이가 마신 우유의 양은 0.6 L입니다. 유승이가 마신 우유의 양은 한솔이가 마신 우유의 양의 몇 배입니까?

04 계산 결과가 가장 큰 것은 어느 것입니까?

① $2.4 \div 0.4$ ② $3.6 \div 1.2$ ③ $1.8 \div 0.2$

④ $4.5 \div 0.9$ ⑤ $4.8 \div 0.6$

05 몫을 반올림하여 소수 첫째 자리까지 나타낼 때, 소수 첫째 자리의 숫자는 무엇입니까?

$$13.75 \div 4.2$$

06 복도의 길이는 28.6 m이고 교실 하나의 길이는 8.3 m입니다. 복도의 길이는 교실 하나의 길이의 약 몇 배인지 반올림하여 소수 첫째 자리까지 나타낸 값을 ㉮라 할 때, ㉮ × 10은 얼마입니까?

07 □ 안에 알맞은 수는 얼마입니까?

$$\boxed{} \times 3.24 = 48.6$$

08 어떤 수를 2.4로 나누어야 할 것을 잘못하여 곱하였더니 828이 되었습니다. 바르게 계산한 값을 ㉮라 할 때 ㉮의 각 자리의 숫자의 합은 얼마입니까?

09 넓이가 5.76 m²이고 한 대각선이 3.2 m인 마름모의 다른 대각선은 몇 cm입니까?

10 다음 나눗셈의 몫을 구할 때, 소수 124번째 자리에 해당하는 숫자는 무엇입니까?

$$5 \div 0.11$$

11 고리 한 개를 만드는 데 철사가 8 cm 필요합니다. 5.4 m의 철사로는 고리를 몇 개까지 만들 수 있습니까?

12 계산 결과가 나누어지는 수보다 큰 것은 어느 것입니까?

① $12.34 \div 2.5$ ② $8.3 \div 1.8$ ③ $20.04 \div 3.5$

④ $7.24 \div 0.8$ ⑤ $3.2 \div 8$

교과서 응용 과정

13 짐을 2 t까지 실을 수 있는 트럭이 있습니다. 이 트럭에 무게가 12.7 kg인 상자를 몇 개까지 실을 수 있습니까?

14 똑같은 금귀걸이 3개의 무게는 57.9 g이고, 똑같은 은귀걸이 2개의 무게는 21 g입니다. 금귀걸이 한 개의 무게는 은귀걸이 한 개의 무게의 약 몇 배인지 반올림하여 소수 둘째 자리까지 나타낼 때 각 자리의 숫자의 합은 얼마입니까?

15 다음 나눗셈의 몫을 반올림하여 소수 둘째 자리까지 나타내면 0.86입니다. 0부터 9까지의 숫자 중 □ 안에 들어갈 수 있는 숫자는 모두 몇 개입니까?

$$3.0\boxed{}8 \div 3.5$$

16 한별이는 우표를 신영이의 1.25배만큼 수집하였고, 신영이는 용희의 1.5배만큼 수집하였습니다. 한별이가 수집한 우표가 135장이라면 용희가 수집한 우표는 몇 장입니까?

17 냉장고에 들어 있는 주스 7.4 L를 매일 0.9 L씩 마시려고 합니다. 주스를 마실 수 있는 날의 수를 ㉠일, 남는 주스의 양을 ㉡ L라고 할 때, ㉠+㉡×10의 값을 구하시오.

18 1시간 30분 동안 1.05 cm씩 타는 초가 있습니다. 이 초에 불을 붙이고 5시간이 지난 후에 남은 초의 길이를 재어 보았더니 처음 초의 길이의 0.35였습니다. 처음 초의 길이는 약 몇 cm인지 반올림하여 소수 첫째 자리까지 나타낼 때 각 자리의 숫자의 합은 얼마입니까?

19 16.8 km 떨어진 두 지점에서 효근이와 석기가 서로 상대방을 향하여 10분에 0.6 km씩 가는 빠르기로 동시에 출발하였습니다. 두 사람은 몇 분 후에 만나겠습니까?

20 아랫변이 18.8 cm, 윗변이 16.4 cm이고, 넓이가 225.28 cm²인 사다리꼴이 있습니다. 이 사다리꼴의 높이를 ㉮ cm라 할 때 ㉮×10의 값은 얼마입니까?

[교과서 심화 과정]

21 물통에 물이 전체의 0.2만큼 들어 있습니다. 이 물통에 나머지의 $\frac{3}{8}$만큼 물을 채우고, 2.4 L의 물을 더 넣었더니 아직 물이 채워지지 않은 부분이 전체의 0.2가 되었습니다. 이 물통의 들이는 몇 L입니까?

22 ㉮가 자연수 또는 소수일 때 〈㉮〉는 ㉮의 각 자리의 숫자의 합으로 약속합니다. 예를 들어 $<7.05>=7+0+5=12$일 때 다음을 계산하시오.

$$<9.5\div3.8>\times<4.93\div0.58>$$

23 다음 나눗셈의 몫을 소수 첫째 자리까지 구할 때 나누어떨어지게 하려면 나누어지는 수에 어떤 수를 더해야 합니다. 어떤 수 중에서 가장 작은 수를 ㉮라고 할 때 ㉮×100의 값은 얼마입니까?

$$34.7\div4.8$$

24 두 개의 공 가와 나를 떨어뜨리면 가는 떨어진 높이의 0.9만큼 튀어 오르고 나는 떨어진 높이의 0.6만큼 튀어 오릅니다. 두 공 가와 나를 같은 높이에서 떨어뜨렸을 때, 두 번째 튀어 오른 높이의 차가 2.7 m라면 처음 공을 떨어뜨린 높이는 몇 m입니까?

25 어떤 계산의 답을 쓰는데 잘못하여 소수점을 왼쪽으로 두 자리 옮겨 적었더니 바른 답과의 차가 23.166이 되었습니다. 바른 답을 ㉮라고 할 때 ㉮×10의 값은 얼마입니까?

⓪	⓪	⓪
①	①	①
②	②	②
③	③	③
④	④	④
⑤	⑤	⑤
⑥	⑥	⑥
⑦	⑦	⑦
⑧	⑧	⑧
⑨	⑨	⑨

> **창의 사고력 도전 문제**

26 소리의 속도는 0 ℃일 때 1초에 331 m를 가고, 기온이 올라감에 따라서 일정하게 빨라집니다. 14.5 ℃일 때 1초에 339.7 m를 간다면 27 ℃일 때 소리는 1초에 몇 m를 가는지 소수 첫째 자리에서 반올림하여 자연수로 나타내시오.

⓪	⓪	⓪
①	①	①
②	②	②
③	③	③
④	④	④
⑤	⑤	⑤
⑥	⑥	⑥
⑦	⑦	⑦
⑧	⑧	⑧
⑨	⑨	⑨

27 오른쪽 도형은 정사각형 ㉠과 ㉡을 겹친 부분이 정사각형이 되도록 겹쳐 놓은 것입니다. 겹친 부분의 넓이는 정사각형 ㉡의 넓이의 0.16배인 1.44 cm²이고, 정사각형 ㉡의 넓이는 정사각형 ㉠의 넓이의 1.44배라고 할 때 이 도형의 둘레는 ■cm입니다. 이때 ■×10의 값을 구하시오.

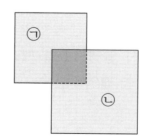

⓪	⓪	⓪
①	①	①
②	②	②
③	③	③
④	④	④
⑤	⑤	⑤
⑥	⑥	⑥
⑦	⑦	⑦
⑧	⑧	⑧
⑨	⑨	⑨

28 다음과 같은 규칙으로 수를 더해갈 때 계산 결과는 얼마입니까?

$$5+4+3.2+2.56+2.048+\cdots$$

29 1시간 15분 동안에 17 km를 흐르는 강이 있습니다. 흐르지 않는 물에서 1시간에 38 km를 가는 배가 강물이 흐르는 반대 방향으로 갈 때 63.44 km를 가려면 몇 분이 걸리겠습니까?

30 작년에 유승이네 마을 학생 수는 남학생과 여학생을 합하여 1050명이었습니다. 올해는 남학생의 0.04만큼 줄고 여학생의 0.06만큼 늘어 모두 1058명이 되었습니다. 올해 남학생 수와 여학생 수의 차는 몇 명입니까?

교과서 기본 과정

01 오른쪽 입체도형을 앞에서 본 모양은 어느 것입니까?

①

②

③

④ ⑤

앞

02 그림과 같은 모양을 만들기 위해서 필요한 쌓기나무는 몇 개입니까?

위에서 본 모양

03 쌓기나무로 다음과 같이 만든 후 앞과 옆에서 보이는 면의 수의 차를 구하시오.

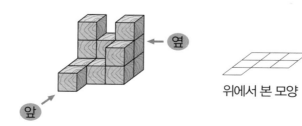

옆

앞

위에서 본 모양

04 위, 앞, 오른쪽 옆에서 본 모양이 다음과 같이 되도록 쌓기나무를 쌓는다면 쌓기나무는 모두 몇 개 필요합니까?

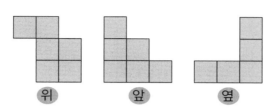

위   앞   옆

05 오른쪽 그림에서 □ 안의 수는 그곳에 쌓아 올린 쌓기나무의 수입니다. 4층에 놓이는 쌓기나무는 모두 몇 개입니까?

2	4	5
1	4	3
		5

06 쌓기나무로 보기와 같이 쌓았습니다. 쌓기나무의 개수가 보기와 <u>다른</u> 것은 어느 것입니까?

보기

①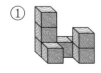

②

③

④

⑤

07 쌓기나무로 쌓은 모양을 층별로 나타낸 그림을 보고 위에서 본 모양의 각 자리에 쌓은 쌓기나무의 개수를 썼습니다. ㉠과 ㉡에 들어갈 수의 합은 얼마입니까?

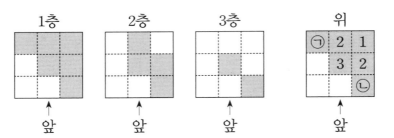

08 쌓기나무로 다음과 같은 규칙으로 쌓으려고 합니다. 일곱 번째에 올 모양을 만들기 위해서는 쌓기나무가 몇 개 필요합니까?

첫 번째   두 번째   세 번째   네 번째

09 연결큐브 몇 개를 연결하여 모양을 만들 때 만든 모양을 어느 방향으로 돌리거나 눕혀 보아도 모두 3층이 되는 모양을 만들려면 최소한 몇 개의 연결큐브가 있어야 합니까?

10 쌓기나무로 쌓은 모양을 위, 앞, 옆에서 본 그림입니다. ㉮ 부분에 놓인 쌓기나무는 몇 개입니까?

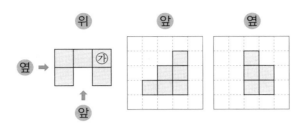

11 오른쪽 그림은 쌓기나무를 쌓아 만든 모양을 위에서 내려다 본 그림입니다. 각 칸에 있는 수는 그 칸 위에 쌓아 올린 쌓기나무의 개수입니다. 3층 이상에 사용된 쌓기나무는 모두 몇 개입니까?

```
        [4]
    [3] [1] [2]
        [5]
    [2] [3] [4]
        [1]
```

12 오른쪽 그림에서 □ 안의 수는 그 칸에 쌓은 쌓기나무의 개수입니다. 앞에서 보았을 때와 오른쪽 옆에서 보았을 때의 보이는 쌓기나무의 개수의 합은 몇 개입니까?

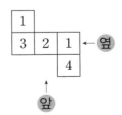

KMA 단원 평가

교과서 응용 과정

13 연결큐브 4개로 만들 수 있는 서로 다른 모양은 모두 몇 가지입니까?

14 오른쪽 그림은 쌓기나무를 쌓아 만든 모양을 위에서 본 그림입니다. □ 안의 숫자가 그곳에 쌓아올린 쌓기나무의 개수라면 앞에서 볼 때 보이지 않는 쌓기나무는 모두 몇 개입니까?

4			
3		3	1
1	2	2	2
2	3	1	3	4

↑
앞

15 쌓기나무 8개로 오른쪽과 같은 모양을 만들어 떨어지지 않도록 붙여 놓은 후 바닥에 닿은 면을 포함한 모든 겉면에 페인트를 칠하였습니다. 페인트가 칠해진 쌓기나무의 면은 모두 몇 개입니까?

16 크기가 같은 정육면체 64개를 오른쪽 그림과 같이 쌓은 다음 바닥에 닿는 면을 포함하여 바깥쪽 모든 면에 색칠하였습니다. 두 면에만 색칠된 정육면체는 모두 몇 개입니까?

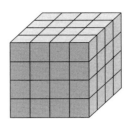

17 한 모서리의 길이가 4 cm인 정육면체 모양의 쌓기나무를 쌓아 다음과 같은 입체도형을 만들었습니다. 입체도형에서 보이는 모든 면의 넓이의 합은 몇 cm²입니까?

위에서 본 모양

18 오른쪽 연결큐브 모양을 이용하여 만들 수 있는 새로운 모양이 <u>아닌</u> 것은 어느 것입니까?

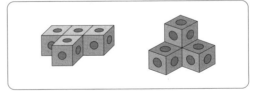

①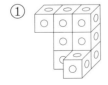

②

③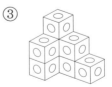

④

⑤

19 크기가 같은 정육면체 모양의 쌓기나무를 쌓아 올려 입체도형을 만들었습니다. 이 입체도형을 위, 앞, 오른쪽 옆 세 방향에서 본 모양이 다음과 같았습니다. 쌓기나무는 최대 몇 개 사용한 것입니까?

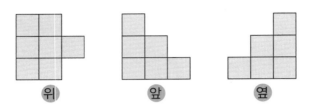

위   앞   옆

20 오른쪽 그림과 같은 규칙으로 쌓기나무를 쌓을 때, 10층까지 쌓았다면 사용된 쌓기나무는 모두 몇 개입니까?

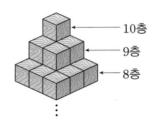

10층
9층
8층

교과서 심화 과정

21 위, 앞, 옆에서 본 모양이 다음과 같도록 쌓기나무를 쌓을 때, 쌓기나무를 가장 많이 사용한 개수와 가장 적게 사용한 개수의 차는 몇 개입니까?

위에서 본 모양   앞에서 본 모양   오른쪽 옆에서 본 모양

22 오른쪽 그림과 같이 정육면체 모양의 쌓기나무로 만든 모양에 쌓기나무를 더 놓아 정육면체를 만들려고 합니다. 필요한 쌓기나무는 최소한 몇 개입니까?

위에서 본 모양

23 오른쪽 그림과 같이 정육면체 모양의 쌓기나무 96개를 빈틈없이 쌓아 놓고 바깥쪽의 모든 면을 색칠하였습니다. 쌓기나무를 하나씩 모두 떼어 놓았을 때, 한 면도 색칠이 되지 않은 쌓기나무는 모두 몇 개입니까? (단, 바닥면은 칠하지 않습니다.)

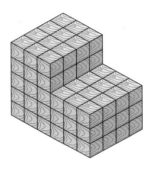

24 오른쪽과 같이 정육면체 모양의 쌓기나무 30개를 쌓아 놓고 바닥에 닿는 면까지 포함하여 모든 겉면에 물감을 칠하였더니 색칠된 면의 넓이의 합이 288 cm² 였습니다. 쌓기나무의 각 면 중에서 색칠되지 않은 모든 면의 넓이의 합은 몇 cm²입니까?

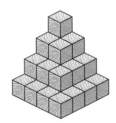

25 쌓기나무를 8개씩 사용하여 가, 나를 만들었습니다. 조건을 모두 만족하도록 쌓기나무로 쌓아보고, 쌓은 모양을 위에서 본 모양에 수를 적는 방법으로 나타낼 때, ㉠과 ㉡에 알맞은 수의 합은 얼마입니까?

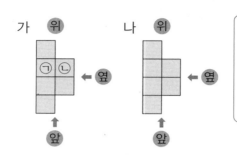

조건
• 가와 나의 모양은 서로 다릅니다.
• 위에서 본 모양이 서로 같습니다.
• 앞에서 본 모양이 서로 같습니다.
• 옆에서 본 모양이 서로 같습니다.

창의 사고력 도전 문제

26 오른쪽과 같은 방법으로 정사각형 모양의 책상 위에 쌓기나무를 8층까지 쌓은 후, 바닥에 닿는 면을 제외한 모든 겉면에 페인트를 칠하였습니다. 한 면도 색칠되지 쌓은 쌓기나무는 모두 몇 개입니까?

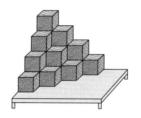

27 정육면체 모양의 쌓기나무를 쌓아올려 입체도형을 만들었습니다. 이 입체도형을 위, 앞, 오른쪽 옆 세 방향에서 보았더니 다음과 같이 되었습니다. 쌓기나무는 최소 몇 개를 사용한 것입니까?

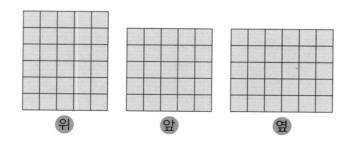

위   앞   옆

28 다음과 같은 규칙으로 쌓기나무를 쌓을 때, 14번째 모양에는 몇 개의 쌓기나무가 필요하겠습니까?

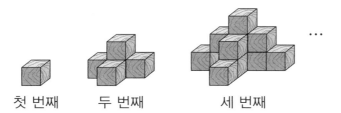

첫 번째   두 번째   세 번째

29 크기가 같은 정육면체 모양의 쌓기나무를 이용하여 오른쪽과 같은 입체도형을 만들었습니다. 세 점 가, 바, 사를 지나는 평면으로 자를 때, 평면에 의해 잘려지는 쌓기나무는 모두 몇 개입니까?

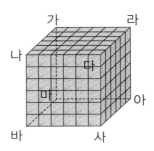

30 오른쪽 그림 위에 써 있는 수만큼 쌓기나무를 쌓아 서로 떨어지지 않게 붙여 놓은 후 바닥을 포함한 모든 겉면에 페인트를 칠하였습니다. 페인트가 칠해진 쌓기나무의 면은 모두 몇 개입니까?

1	3	4	2
2	2	2	3
		1	2
			1

교과서 기본 과정

01 8 : 3과 비율이 같은 비를 만들려고 합니다. □ 안에 들어갈 수 <u>없는</u> 수는 어느 것입니까?

$$8 : 3 \Rightarrow (8 \times \boxed{}) : (3 \times \boxed{})$$

① 0   ② 8   ③ 3   ④ $\frac{1}{2}$ ⑤ $\frac{1}{3}$

02 $\frac{3}{8} : \frac{4}{15}$에 같은 수를 곱하여 비율이 같은 비를 만들려고 합니다. 만들 수 있는 비의 개수는 몇 개입니까?

① 0개   ② 1개   ③ 8개

④ 15개   ⑤ 셀 수 없이 많습니다

03 다음은 영수와 지혜의 대화입니다. 두 사람의 대화에서 나온 문제를 해결하는 식으로 알맞은 것은 어느 것입니까?

영수 : 내가 어제 과학책을 읽었는데 지구에서 몸무게가 84 kg인 사람이 달에 가면 14 kg이래.
지혜 : 그래? 그럼 48 kg인 내 몸무게를 달에서 재면 몇 kg이지?

① 84 : 14 = 48 : □   ② 84 : 14 = □ : 48

③ 84 : □ = 48 : 14   ④ 14 : 84 = 48 : □

⑤ 84 : □ = 14 : 48

04 왼쪽의 비를 가장 간단한 자연수의 비로 나타내려고 합니다. ㉠과 ㉡에 들어갈 자연수의 합은 얼마입니까?

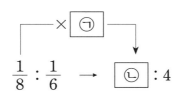

$$\frac{1}{8} : \frac{1}{6} \;\rightarrow\; \boxed{㉡} : 4$$

05 □ 안에 들어갈 수가 가장 큰 비례식은 어느 것입니까?

① $8 : 3 = \square : 6$

② $12 : 4 = 3 : \square$

③ $0.5 : 6 = \square : 24$

④ $36 : 24 = 3 : \square$

⑤ $1.5 : \dfrac{1}{3} = 30 : \square$

06 비례식에서 외항의 곱이 36일 때 ㉠과 ㉡에 알맞은 수를 찾아 ㉠+㉡의 값을 구하면 얼마입니까?

$$㉠ : 9 = ㉡ : 2$$

07 비례식에서 □ 안에 알맞은 수를 구하시오.

$$\frac{1}{2} : \frac{1}{3} = \boxed{} : 8$$

08 3권에 1500원 하는 공책이 있습니다. 12000원으로는 이 공책을 몇 권이나 살 수 있습니까?

09 직사각형의 가로에 대한 세로의 비를 가장 간단한 자연수의 비 ㉮ : ㉯로 나타낼 때, ㉮＋㉯는 얼마입니까?

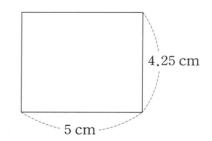

4.25 cm

5 cm

10 가로와 세로의 비가 4 : 5가 되도록 직사각형을 그리려고 합니다. 세로를 120 cm로 그렸다면, 가로는 몇 cm로 그리면 되겠습니까?

11 유승이와 한솔이는 음료수를 5 : 3의 비로 나누어 마시기로 하였습니다. 유승이가 마신 음료수는 전체의 얼마입니까?

① $\dfrac{5}{3}$ ② $\dfrac{3}{5}$ ③ $\dfrac{5}{8}$

④ $\dfrac{3}{8}$ ⑤ $\dfrac{5}{15}$

12 사탕 30개를 형과 동생이 3 : 2의 비로 나누어 가지려고 합니다. 동생은 사탕을 몇 개 가져야 합니까?

교과서 응용 과정

13 지혜는 8000원, 동생은 4000원을 가지고 있었습니다. 동생이 얼마를 사용하였더니 지혜와 동생이 가지고 있는 돈의 비는 5 : 2가 되었습니다. 동생이 사용한 돈은 얼마입니까?

14 빠르기의 비가 3 : 8인 자전거와 오토바이가 동시에 같은 장소에서 같은 방향으로 출발하였습니다. 자전거가 4.5 km 달렸을 때, 오토바이는 자전거보다 ㉠ km 앞서 있다고 합니다. 이때 ㉠ × 10의 값은 얼마입니까?

15 가영이와 동민이가 구슬 40개를 나누어 가지려고 합니다. 가영이가 동민이보다 8개를 더 가지려고 할 때, 가영이와 동민이가 가지게 되는 구슬 수의 비를 가장 간단한 자연수의 비로 나타낸 것은 어느 것입니까?

① 5 : 1　　　　　② 1 : 5　　　　　③ 2 : 3
④ 3 : 2　　　　　⑤ 5 : 2

16 원 ㉮, ㉯가 다음과 같이 겹쳐져 있습니다. 겹쳐진 부분의 넓이는 ㉮의 $\frac{5}{8}$이고, ㉯의 $\frac{5}{12}$입니다. ㉮와 ㉯의 넓이의 비를 가장 간단한 자연수의 비로 나타내면 ㉠ : ㉡이라고 할 때 ㉠＋㉡의 값은 얼마입니까?

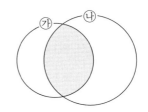

17 웅이네 가게에서는 전체 사과 중 55 %를 오늘 팔았습니다. 오늘 팔지 못한 사과가 540개라면 판 사과는 몇 개입니까?

18 마라톤 선수가 15분 동안에 4500 m를 달렸습니다. 같은 빠르기로 40분 동안 달린다면 몇 km를 달릴 수 있습니까?

19 가로와 세로의 비가 $\frac{1}{4} : \frac{1}{5}$ 이 되도록 직사각형을 그렸습니다. 이 직사각형의 둘레가 90 cm라면 넓이는 몇 cm²입니까?

20 분자와 분모의 합이 225인 어떤 분수가 있습니다. 이 분수를 약분하면 $\frac{12}{13}$가 된다고 합니다. 어떤 분수의 분자는 얼마입니까?

[교과서 심화 과정]

21 길이가 다른 두 막대 ㉮, ㉯의 길이의 합은 12 m입니다. 바닥이 평평한 연못의 깊이를 재기 위해 두 막대를 바닥과 수직으로 넣었더니 물 밖으로 나온 부분이 ㉮의 길이의 $\frac{2}{5}$, ㉯의 길이의 $\frac{4}{7}$가 되었습니다. 연못의 깊이는 몇 m입니까?

22 평행사변형을 다음과 같이 ㉮, ㉯로 나누려고 합니다. ㉮의 넓이와 ㉯의 넓이의 비가 2 : 5일 때, □ 안에 알맞은 수는 얼마입니까?

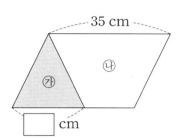

23 다음에서 ㉮, ㉯, ㉰, ㉱는 모두 직사각형입니다. ㉮, ㉯, ㉰의 넓이가 각각 64 cm², 48 cm², 120 cm²라면 ㉱의 넓이는 몇 cm²입니까?

㉮	㉯
㉰	㉱

24 100원짜리 동전과 50원짜리 동전을 합하여 모두 450개 있습니다. 100원짜리 동전의 금액의 합과 50원짜리 동전의 금액의 합의 비가 10 : 13이라면, 100원짜리 동전은 몇 개입니까?

25 과일 가게에 있는 사과와 배의 개수의 비는 2 : 3입니다. 사과 22개, 배 30개를 팔았더니 남은 사과와 배의 개수의 비가 7 : 11이 되었습니다. 처음에 있던 사과와 배의 개수의 합은 얼마입니까?

창의 사고력 도전 문제

26 사과와 귤을 합하여 40개를 사고 24800원을 지불했습니다. 사과와 귤의 개수의 비는 3 : 2이고 사과와 귤 한 개의 가격의 비는 9 : 2입니다. 사과 한 개와 귤 한 개의 가격의 차는 얼마입니까?

27 ㉮, ㉯ 두 반의 수학 성적 평균이 각각 72점, 75점이고, 두 반 전체의 평균은 73.4점입니다. ㉮반과 ㉯반의 학생 수를 가장 간단한 자연수의 비로 나타내면 ▲ : ■일 때 ▲ + ■의 값은 얼마입니까?

28 일정한 속력으로 달리는 두 승용차 가와 나가 있습니다. 가 승용차가 목적지를 향해 출발한 지 14분 뒤에 나 승용차가 같은 길을 따라 출발하였습니다. 나 승용차는 가 승용차가 출발한 지 49분 뒤에 가 승용차를 따라잡았고, 나 승용차는 그 뒤 1시간 30분 만에 목적지에 도착하였습니다. 가 승용차는 나 승용차보다 몇 분 늦게 목적지에 도착하였습니까?

29 오른쪽은 진희가 가지고 있는 구슬을 색깔별로 조사하여 원그래프로 나타낸 것입니다. 주황색 구슬과 빨간색 구슬을 합한 개수와 녹색 구슬의 수의 비는 13 : 8이고, 파란색 구슬과 노란색 구슬의 수의 비는 1 : 2입니다. 이 원그래프를 전체 길이가 18 cm의 띠그래프로 나타낼 때, 노란색 구슬이 차지하는 길이는 몇 cm입니까?

색깔별 구슬 수

30 흰색과 검은색이 3 : 7로 섞인 ㉠ 물감 200 g과 흰색과 검은색이 9 : 1로 섞인 ㉡ 물감 1100 g이 있습니다. 이 두 물감을 이용하여 흰색과 검은색이 3 : 1로 섞인 물감을 만들 때, 최대 몇 g이나 만들 수 있겠습니까?

교과서 기본 과정

01 다음을 계산하면 얼마입니까?

$$3\frac{1}{8} \div \frac{5}{16}$$

02 $1\frac{1}{10}$ L의 휘발유로 $8\frac{4}{5}$ km를 가는 자동차가 있습니다. 이 자동차는 1 L의 휘발유로 몇 km를 가겠습니까?

03 어떤 수를 $\frac{3}{4}$ 으로 나누어야 할 것을 잘못하여 곱하였더니 36이 되었습니다. 바르게 계산하면 얼마가 되겠습니까?

04 ㉠, ㉡, ㉢에 알맞은 수를 찾아 ㉠+㉡+㉢의 값을 구하시오.

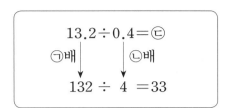

$$13.2 \div 0.4 = ㉢$$
㉠배 ↓　　　　↓ ㉡배
$$132 \div 4 = 33$$

	0	0
①	①	①
②	②	②
③	③	③
④	④	④
⑤	⑤	⑤
⑥	⑥	⑥
⑦	⑦	⑦
⑧	⑧	⑧
⑨	⑨	⑨

05 다음 나눗셈에서 몫이 1보다 큰 것은 어느 것입니까?

① $47.25 \div 48$　　　　② $24.47 \div 23.99$

③ $4.2 \div 4.3$　　　　④ $17.65 \div 19$

⑤ $6.8 \div 7$

	0	0
①	①	①
②	②	②
③	③	③
④	④	④
⑤	⑤	⑤
⑥	⑥	⑥
⑦	⑦	⑦
⑧	⑧	⑧
⑨	⑨	⑨

06 짐을 2400 kg까지 실을 수 있는 화물차가 있습니다. 이 화물차에 무게가 44.15 kg인 상자를 몇 개까지 실을 수 있습니까?

	0	0
①	①	①
②	②	②
③	③	③
④	④	④
⑤	⑤	⑤
⑥	⑥	⑥
⑦	⑦	⑦
⑧	⑧	⑧
⑨	⑨	⑨

07 쌓기나무로 다음과 같이 쌓으려면 쌓기나무는 몇 개 필요합니까?

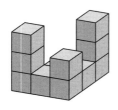

위에서 본 모양

08 쌓기나무로 쌓아 어떤 모양을 만들었습니다. 이 모양의 위, 앞, 오른쪽 옆에서 본 모양이 다음과 같을 때, 쌓기나무는 모두 몇 개를 쌓았습니까?

(위)

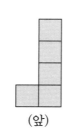

(앞)

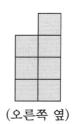

(오른쪽 옆)

09 쌓기나무로 모양을 만들고 위에서 본 모양에 쌓아올린 쌓기나무의 개수를 썼습니다. 왼쪽 모양은 몇 번 방향에서 본 것입니까?

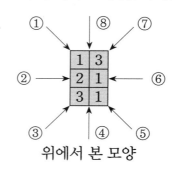

위에서 본 모양

10 다음의 비 중 가장 간단한 자연수의 비로 나타내면 4 : 3이 되는 것은 어느 것입니까?

① 30 : 18

② $\frac{1}{2} : \frac{1}{7}$

③ $\frac{5}{3} : \frac{1}{4}$

④ 1.4 : 0.2

⑤ $0.2 : \frac{3}{20}$

11 □ 안에 알맞은 수는 얼마입니까?

$$\Box : 1.5 = \frac{1}{5} : 0.3$$

12 ㉠ : ㉡의 비율이 2.4입니다. ㉠이 120이면 ㉡은 얼마입니까?

교과서 응용 과정

13 다음 식에서 ▲는 ■의 $\bigcirc\dfrac{©}{©}$배일 때, ㉠+㉡+㉢의 최솟값을 구하시오.

$$\frac{9}{11} \div \frac{3}{11} = ▲ \qquad \frac{8}{9} \div \frac{2}{3} = ■$$

14 □ 안에 들어갈 수 있는 자연수 중 가장 큰 수와 가장 작은 수의 차는 얼마입니까?

$$1\frac{4}{21} \div 1\frac{2}{3} < \frac{□}{7} < \frac{24}{91} \div \frac{8}{39}$$

15 다음을 계산하시오.

$$\left\{12.8 - 9.6 \div \left(4 + \frac{4}{5}\right) \times 1\frac{3}{5}\right\} \times 10$$

16 길이가 25 m인 철사를 잘라 가로의 길이와 세로의 길이가 각각 0.7 m, 0.6 m인 직사각형을 만들 때, 최대 몇 개까지 만들 수 있습니까?

17 위, 앞, 오른쪽 옆에서 본 모양이 다음과 같이 되도록 쌓기나무를 쌓을 때, 쌓기나무는 최대한 몇 개 필요합니까?

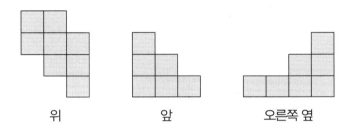

위   앞   오른쪽 옆

18 위, 앞, 오른쪽 옆에서 본 모양이 각각 다음과 같을 때, 이와 같은 모양을 만들기 위해 필요한 쌓기나무의 최소의 개수와 최대의 개수의 합은 얼마입니까?

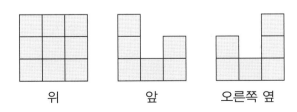

위   앞   오른쪽 옆

19 높이와 밑변의 길이의 비가 3 : 2인 삼각형이 있습니다. 이 삼각형의 높이가 12 cm이면, 넓이는 몇 cm²입니까?

20 영수네 학교 6학년 남학생 수는 270명이고, 남학생 수와 여학생 수의 비는 9 : 8입니다. 남학생 수의 10 %가 줄고 여학생 수의 5 %가 줄면, 6학년 학생은 모두 몇 명이 됩니까?

교과서 심화 과정

21 미숙이는 가지고 있던 색종이의 $\frac{1}{4}$을 수경이에게 주고, 그 나머지의 $\frac{3}{5}$을 영철이에게 준 뒤, 미술 시간에 30장을 사용하고 나니 6장이 남 았습니다. 처음에 미숙이가 가지고 있던 색종이는 몇 장입니까?

22 □ 안에 1, 3, 5, 7, 9를 한 번씩 써넣어 몫이 60 이상인 식을 모두 몇 개 만들 수 있습니까?

23 한 모서리가 3 cm인 정육면체 10개를 사용하여 2층으로 쌓은 입체도형을 위에서 본 모양이 오른쪽과 같습니다. 이 입체도형의 겉넓이가 최대일 때, 겉넓이는 몇 cm²입니까?

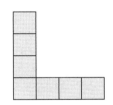

24 서로 맞물려 도는 두 개의 톱니바퀴 ㉮와 ㉯가 있습니다. ㉮의 톱니의 수는 60개, ㉯의 톱니의 수는 75개일 때, ㉮ 톱니바퀴가 50바퀴 돌면 ㉯ 톱니바퀴는 몇 바퀴 돌겠습니까?

25 $62\frac{1}{5}$ kg의 쌀을 한 사람에게 1.5 kg씩 나누어 주다가 15명을 주고 나니 쌀이 모자랄 것 같아 나머지는 한 사람에게 $1\frac{9}{20}$ kg씩 주었더니 $\frac{11}{20}$ kg의 쌀이 남았습니다. 쌀을 받은 사람은 모두 몇 명입니까?

창의 사고력 도전 문제

26 길이의 차가 40 cm인 말뚝이 2개 있습니다. 짧은 말뚝의 $\frac{3}{5}$, 긴 말뚝의 $\frac{2}{3}$를 땅에 박았더니, 땅 위에 남은 부분의 길이가 같았다고 합니다. 땅 위에 남은 부분의 길이는 몇 cm입니까?

27 1.36에 어떤 자연수를 곱한 뒤, 그 답에 소수점을 찍지 않아서 바른 답보다 1077.12만큼 크게 되었습니다. 이 경우 1.36에 어떤 자연수를 곱한 것입니까?

28 정육면체 모양의 쌓기나무를 쌓아올려 입체도형을 만들었습니다. 이 입체도형을 위, 앞, 옆 세 방향에서 보았더니 다음 그림과 같이 되었습니다. 쌓기나무는 최소한 몇 개를 사용한 것입니까?

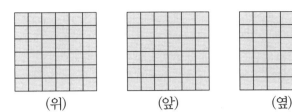

(위)　　　　　(앞)　　　　　(옆)

29 오른쪽 그림과 같이 원 가, 나, 다는 서로 겹쳐 있습니다. ㉠의 넓이는 원 나의 넓이 의 $\frac{1}{6}$이고, ㉡의 넓이는 원 다의 넓이의 0.4입니다. ㉠과 ㉡의 넓이가 같고, 원 다 의 넓이가 50 cm²라면 원 나의 넓이는 몇 cm²입니까?

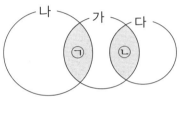

30 높이가 서로 다른 3개의 받침대 ㉮, ㉯, ㉰가 놓여 있고, 받침대 ㉯는 ㉮보다 10 cm 높고, ㉰보다 38 cm 높습니다. 다음 그림과 같이 A에 서 ㉮에 공을 떨어뜨렸더니 받침대 ㉮, ㉯, ㉰에 차례로 튀어 올랐다가 바닥에 떨어졌습니다. 이때, 받침대 ㉯에서 튀어 오르고 나서 가장 높 았을 때의 높이는 A의 높이보다 88 cm 낮다면, 점 A는 받침대 ㉮보 다 몇 cm 높습니까? (단, 이 공은 떨어진 높이의 80 %만큼 튀어 오릅 니다.)

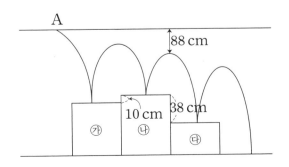

교과서 기본 과정

01 다음 중 몫이 $\frac{4}{5}$보다 큰 것은 어느 것입니까?

① $\frac{4}{5} \div 1\frac{1}{3}$ ② $\frac{4}{5} \div 3$ ③ $\frac{4}{5} \div 2\frac{7}{8}$

④ $\frac{4}{5} \div \frac{2}{3}$ ⑤ $\frac{4}{5} \div \frac{5}{4}$

02 다음 중 나눗셈의 몫이 가장 큰 것부터 차례로 나열한 것은 어느 것입니까?

$$\text{㉠ } \frac{3}{8} \div \frac{6}{7} \qquad \text{㉡ } 1\frac{3}{5} \div 1\frac{1}{3} \qquad \text{㉢ } \frac{5}{6} \div 15$$

① ㉠, ㉡, ㉢   ② ㉠, ㉢, ㉡   ③ ㉡, ㉠, ㉢

④ ㉡, ㉢, ㉠   ⑤ ㉢, ㉡, ㉠

03 어떤 수를 $3\frac{3}{5}$으로 나누어야 하는데, 잘못해서 $3\frac{3}{5}$을 곱했더니 $13\frac{1}{2}$이 되었습니다. 바르게 계산했을 때의 몫을 기약분수로 나타내면 ㉠$\frac{㉢}{㉡}$일 때 ㉠＋㉡＋㉢은 얼마입니까?

04 다음 중 몫이 1보다 작은 것은 어느 것입니까?

① 35÷4

② 14.52÷14

③ 3.48÷3.48

④ 21.12÷20

⑤ 472.5÷514.6

05 어떤 고리 한 개를 만드는 데 철사 0.08 m가 필요하다고 합니다. 철사 2.25 m로 이 고리를 몇 개까지 만들 수 있습니까?

06 다음 나눗셈의 몫을 구했을 때 소수 열째 자리 숫자는 무엇입니까?

$$29.85 \div 3.3$$

07 쌓기나무로 [보기]와 같이 쌓았습니다. 쌓은 모양이 [보기]와 같은 것은 어느 것입니까?

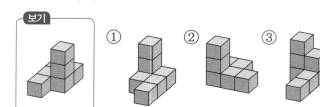

08 다음 중 [보기]의 쌓기나무로 만들 수 있는 것은 어느 것입니까?

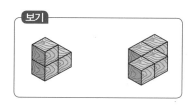

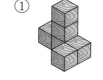 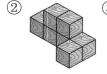

09 오른쪽과 같은 규칙으로 쌓기나무를 9층까지 쌓았을 때, 2층에 놓인 쌓기나무는 몇 개입니까?

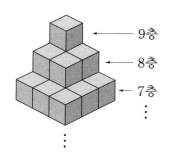

10 □ 안에 알맞은 수는 얼마입니까?

$$1\frac{1}{2} : 2.5 = 6 : \boxed{}$$

11 소희네 집에서는 쌀과 보리쌀을 5 : 2의 비로 섞어서 밥을 짓는다고 합니다. 보리쌀을 180 g 넣으면, 쌀은 몇 g을 넣어야 합니까?

12 사탕을 철수는 50개, 영희는 31개 가지고 있습니다. 철수가 사탕 몇 개를 영희에게 주었더니, 철수와 영희가 가진 사탕 수의 비가 4 : 5가 되었습니다. 철수는 영희에게 사탕을 몇 개 주었습니까?

교과서 응용 과정

13 넓이가 $2\frac{3}{5}$ m²이고 밑변이 $1\frac{5}{8}$ m인 삼각형의 높이는 ㉠ m입니다. 이때 ㉠×10은 얼마입니까?

14 □ 안에 들어갈 수 있는 자연수들 중에서 가장 큰 수와 가장 작은 수의 차는 얼마입니까?

$$\frac{35}{36} \div 1.75 < \frac{\boxed{}}{9} < 1.3 \div \frac{9}{10}$$

15 $31.4 \div 2.7$을 계산하면 소수점 아래 55번째 자리의 숫자는 무엇입니까?

16 굵기가 일정한 철사 6.24 m의 무게는 145.2 g입니다. 이 철사 1 m의 무게를 반올림하여 소수 첫째 자리까지 나타내었을 때, 소수 첫째 자리의 숫자는 무엇입니까?

17 크기가 같은 정육면체 모양의 쌓기나무를 쌓아올려 입체도형을 만들었습니다. 이 입체도형을 위, 앞, 오른쪽 옆 세 방향에서 보았더니 다음과 같았습니다. 쌓기나무는 최대한 몇 개 사용한 것입니까?

위

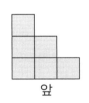
앞

오른쪽 옆

18 오른쪽은 8층으로 쌓은 쌓기나무에서 8층, 7층, 6층의 모양을 나타낸 그림입니다. 8층까지 쌓는 데 사용된 쌓기나무는 모두 몇 개입니까?

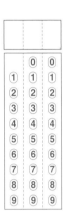

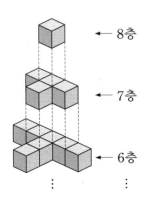

19 A, B 두 종류의 음료수의 양을 비교하였더니 4 : 3이었습니다. 그 후 A 와 B를 각각 200 mL씩 마신 다음 남은 양을 비교하였더니 3 : 2로 변했 습니다. A, B 두 음료수의 처음의 양의 차이는 몇 mL입니까?

20 강민이 누나는 경쟁률이 5 : 1인 어떤 기업의 입사시험에 합격하였습 니다. 이 기업의 신입사원 모집 인원이 60명이라고 하면 이 기업에 지 원한 사람은 모두 몇 명입니까?

교과서 심화 과정

21 직선 가와 나는 평행합니다. ㉮의 넓이는 ㉯의 넓이의 $\frac{3}{4}$배일 때 ㉠×100의 값을 구하시오.

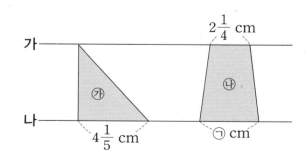

22 넓이가 3.5 m²인 담장을 칠하는데 페인트 1.68 L가 필요합니다. 가로가 11.3 m, 세로가 2.5 m인 직사각형 모양의 담장을 칠하려면 한 통에 3.2 L가 들어 있는 페인트를 적어도 몇 통 사야 합니까?

23 오른쪽과 같이 한 모서리의 길이가 2 cm인 정육면체 모양의 쌓기나무로 쌓아 만든 입체도형의 겉넓이는 몇 cm²입니까?

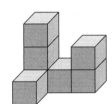

24 ㉮, ㉯ 2개의 수가 있습니다. ㉮와 ㉯의 비는 5 : 8이고, ㉯에서 34를 뺀 수는 ㉮에서 34를 뺀 수의 2배입니다. ㉮+㉯는 얼마입니까?

25 다음 그림에서 A와 같이 한 개의 정육면체를 27등분 하여 B와 같이 크기가 작은 정육면체를 만들었습니다. 이때 작은 정육면체들의 겉넓이의 총합은 처음 정육면체의 겉넓이의 몇 배입니까?

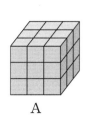

A   B

창의 사고력 도전 문제

26 정현이네 학교 남학생 수는 전체 학생 수의 $\frac{5}{8}$보다 21명이 많고, 여학생 수는 남학생 수의 $\frac{2}{7}$보다 17명이 많다고 합니다. 전체 학생 수는 몇 명입니까?

27 나눗셈 $A \div B = C \cdots D$에서 $\langle A, B, C \rangle = D$라 약속합니다. □ 안에 알맞은 수를 구하시오.

$$\langle 58.5, 8.3, \boxed{} \rangle + \langle 25.38, 6.12, 4 \rangle$$
$$= \langle 114.27, 10.27, 11 \rangle$$

28 오른쪽 그림과 같이 정육면체의 모든 면에 색이 칠해져 있습니다. 이 정육면체의 가로, 세로, 높이를 각각 같은 횟수로 잘라 작은 정육면체를 만들려고 합니다. 이때 한 면도 색칠되지 않은 정육면체의 개수가 한 면만 색칠된 정육면체의 개수보다 많아지게 하려면 각각의 면을 최소한 몇 번씩 잘라야 합니까?

29 2개의 시계 ㉮, ㉯가 있습니다. ㉮시계는 5시간에 8분이 늦어지고, ㉯시계는 5시간에 2분이 빨라집니다. 어느 날 저녁 ㉮시계가 10시 10분을 가리키고 있을 때, ㉯시계는 9시 56분을 가리키고 있었습니다. ㉯시계의 알람 시각을 오전 8시에 맞춘 뒤 다음날 아침 알람이 울리는 순간, ㉮시계와 ㉯시계의 시각의 차는 몇 분입니까?

30 다음 그림과 같이 규칙에 따라 정육면체 모양의 쌓기나무를 붙여 모양을 만들려고 합니다. 여섯 번째 모양을 만들 때 사용되는 쌓기나무는 모두 몇 개입니까?

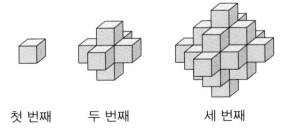

첫 번째 　　두 번째 　　　세 번째

교과서 기본 과정

01 다음 중 몫이 가장 큰 것은 어느 것입니까?

① $\dfrac{3}{5} \div \dfrac{2}{5}$ 　　　② $2 \div \dfrac{2}{3}$ 　　　③ $4\dfrac{1}{2} \div \dfrac{3}{5}$

④ $3 \div \dfrac{1}{2}$ 　　　⑤ $\dfrac{5}{6} \div \dfrac{3}{4}$

⓪	⓪
①	①
②	②
③	③
④	④
⑤	⑤
⑥	⑥
⑦	⑦
⑧	⑧
⑨	⑨

02 □ 안에 들어갈 수 있는 가장 큰 자연수를 구하시오.

$$\dfrac{5}{8} \div \dfrac{3}{28} > \square$$

⓪	⓪
①	①
②	②
③	③
④	④
⑤	⑤
⑥	⑥
⑦	⑦
⑧	⑧
⑨	⑨

03 다음 식에서 ㉠＋㉡＋㉢의 최솟값을 구하시오.

$$㉠\dfrac{㉢}{㉡} \times \left(\dfrac{3}{8} \div \dfrac{5}{7} \right) = \dfrac{9}{16}$$

⓪	⓪
①	①
②	②
③	③
④	④
⑤	⑤
⑥	⑥
⑦	⑦
⑧	⑧
⑨	⑨

04 꽃 한 개를 만드는 데에 색 테이프가 0.4 m 필요하다면 색 테이프 3.6 m로는 꽃을 몇 개 만들 수 있습니까?

05 어떤 수를 2.4로 나누어야 할 것을 잘못하여 곱하였더니 92.16이 되었습니다. 어떤 수를 찾아 바르게 계산했을 때의 몫은 얼마입니까?

06 나눗셈의 몫이 나누어지는 수보다 큰 것은 어느 것입니까?

① $0.25 \div 3.4$ ② $12.36 \div 2.5$ ③ $0.38 \div 0.99$

④ $56.8 \div 128$ ⑤ $42.45 \div 42.35$

07 쌓기나무로 오른쪽과 같은 모양을 만들려면 쌓기나무는 모두 몇 개 필요합니까?

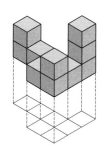

08 다음 그림은 크기가 똑같은 몇 개의 정육면체를 쌓아 놓고, 위치에 따라 보이는 모양을 그린 것입니다. 몇 개의 정육면체를 쌓은 것입니까?

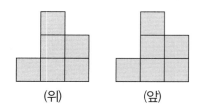
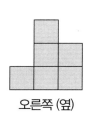

(위)   (앞)   오른쪽 (옆)

09 다음과 같은 규칙으로 쌓기나무를 쌓을 때, 11번째에 올 모양을 만들기 위해서는 쌓기나무가 몇 개 필요합니까?

첫 번째   두 번째   세 번째   ...

10 다음 비례식에서 □ 안에 알맞은 수는 얼마입니까?

$$2.7 : \boxed{} = 0.3 : \frac{2}{3}$$

11 비 3 : 5에 대하여 옳게 설명한 것은 모두 몇 개입니까?

> ㉠ 기호 ' : ' 앞에 있는 3을 전항, 뒤에 있는 5를 후항이라고 합니다.
> ㉡ 비의 전항과 후항에 각각 3을 곱하여도 비율은 같습니다.
> ㉢ 비의 전항과 후항을 각각 0으로 나누어도 비율은 같습니다.
> ㉣ $\frac{1}{3} : \frac{1}{5}$ 을 가장 간단한 자연수의 비로 나타낸 것과 같습니다.
> ㉤ 3 : 5＝6 : 10과 같이 비율이 같은 두 비를 기호 '＝'로 나타낸 것을 비례식이라고 합니다.

12 빠르기의 비가 4 : 7인 자전거와 오토바이가 같은 장소에서 같은 길을 따라 동시에 출발하였습니다. 오토바이가 자전거보다 9 km를 더 갔을 때 자전거가 간 거리는 몇 km입니까?

교과서 응용 과정

13 다음을 계산하면 얼마입니까?

$$\left\{10\frac{1}{5}-9.6\div\left(3+\frac{1}{5}\right)\times2.4\right\}\times20$$

14 어떤 학교 학생 전체의 50 %는 체육을 좋아하고, 그중 $\frac{3}{8}$은 축구를 좋아합니다. 체육을 좋아하는 학생 중 축구를 좋아하는 학생이 180명이라면 이 학교 학생은 모두 몇 명입니까?

15 2개의 수도관에서 동시에 물이 나오고 있습니다. 큰 수도관에서는 1시간 30분 동안에 1.2 t의 물이 나오고, 작은 수도관에서는 3시간 동안에 1.2 t의 물이 나온다고 합니다. 이 두 수도관으로 7.8 t의 물이 들어가는 물탱크를 가득 채우는 데 몇 분이 걸리겠습니까?

16 넓이가 $44.52\,\text{m}^2$인 사다리꼴이 있습니다. 윗변이 $7.6\,\text{m}$이고 아랫변이 $9.2\,\text{m}$일 때 사다리꼴의 높이는 몇 cm입니까?

17 오른쪽 그림과 같이 정육면체 모양의 쌓기나무를 쌓아 만든 모양에 쌓기나무를 더 놓아 가장 작은 정육면체를 만들려고 합니다. 필요한 쌓기나무는 몇 개입니까?

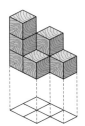

18 오른쪽과 같은 규칙으로 쌓기나무를 8층까지 쌓았을 때, 맨 아래층에 놓인 쌓기나무는 몇 개입니까?

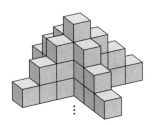

19 하루에 6분씩 빨라지는 시계가 있습니다. 이 시계를 어느 날 정오의 시보가 울릴 때 12시로 맞추어 놓았다면, 다음날 오전 8시에 이 시계가 가리키는 시각은 오전 8시 몇 분이겠습니까?

20 원 ㉮와 ㉯가 오른쪽 그림과 같이 겹쳐 있습니다. 겹친 부분의 넓이는 ㉮의 넓이의 $\frac{2}{3}$이고, ㉯의 넓이의 $\frac{3}{4}$입니다. 원 ㉮의 넓이가 36 cm²라면 원 ㉯의 넓이는 몇 cm²입니까?

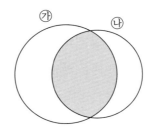

교과서 심화 과정

21 가영이네 밭에서 어제와 오늘 딴 토마토는 모두 50 kg입니다. 어제 딴 토마토가 $15\frac{1}{4}$ kg일 때, 오늘 딴 토마토는 어제 딴 토마토의 몇 배인지 기약분수로 나타내면 $㉠\frac{㉢}{㉡}$입니다. ㉠+㉡+㉢은 얼마입니까?

22 다음 나눗셈의 몫을 반올림하여 소수 둘째 자리까지 나타내면 1.33 입니다. 0부터 9까지의 숫자 중 □ 안에 알맞은 숫자는 모두 몇 개입 니까?

$$9.8\boxed{}4 \div 7.4$$

23 성수는 쌓기나무 16개로 오른쪽과 같은 모 양을 만들고, 이 모양에서 쌓기나무를 빼내 어 위, 앞, 옆에서 본 모양이 변하지 않도록 하였습니다. 성수가 빼낼 수 있는 쌓기나무 는 최대 몇 개입니까?

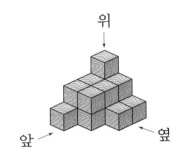

24 서로 맞물려 도는 두 개의 톱니바퀴 ㉮와 ㉯가 있습니다. ㉮와 ㉯의 톱 니바퀴의 톱니 수의 비가 3 : 2일 때, ㉮ 톱니바퀴가 42바퀴 도는 동안 에 ㉯ 톱니바퀴는 몇 바퀴 돌겠습니까?

25 오른쪽 그림과 같은 규칙으로 쌓기나무를 쌓으려고 합니다. 쌓기나무 280개로는 모두 몇 층까지 쌓을 수 있습니까?

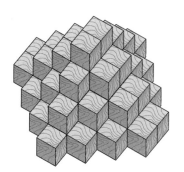

┌─ 창의 사고력 도전 문제 ─┐

26 예슬이는 가지고 있던 구슬의 $\frac{1}{2}$을 웅이에게 주고, 웅이는 예슬이에게서 받은 구슬과 자기가 가지고 있던 구슬의 합의 $\frac{2}{5}$를 한솔이에게 주었더니 세 사람의 구슬 수가 같아졌습니다. 한솔이가 처음 가지고 있던 구슬이 10개라고 할 때, 예슬이가 처음 가지고 있던 구슬은 몇 개입니까?

27 1보다 큰 4개의 소수 A, B, C, D가 있습니다. A<B<C<D이고, A+B, B+C, C+D, A+C, B+D, A+D의 6가지 경우의 총합이 546.6이며, A+D가 B+C보다 큽니다. 또, 6가지 경우를 작은 수부터 차례로 나열하면 3씩 커집니다. 이때 D×10의 값은 얼마입니까?

28 크기가 같은 정육면체 모양의 쌓기나무를 이용하여 오른쪽 그림과 같은 입체도형을 만들었습니다. 정사각형 ㄱㄴㄷㄹ에서 2개의 대각선의 교점을 ㅈ이라 하면 세 점 ㅈㅁㅂ을 지나는 평면으로 자를 때 평면에 의해 잘려지는 쌓기나무는 모두 몇 개입니까?

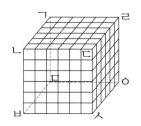

29 삼각형 ㄱㄴㄷ의 넓이는 315 cm^2입니다. 선분 ㄴㄹ과 선분 ㄹㅁ의 길이의 비는 2 : 1이고 선분 ㄹㅁ과 선분 ㅁㄷ의 길이의 비는 2 : 3, 선분 ㄱㅂ과 선분 ㅂㄷ의 길이의 비는 2 : 3입니다. 삼각형 ㄹㅁㅂ의 넓이는 몇 cm^2입니까?

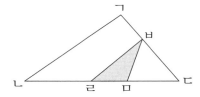

30 어느 학교의 전교생이 버스를 타고 소풍을 가기로 하였습니다. 버스 회사에는 대형, 중형, 소형의 3종류의 버스가 있고, 각각의 버스에는 정원 수대로만 태운다고 합니다. 전교생은 대형이 1대이면 9번, 대형과 중형이 1대씩이면 각각 6번, 중형과 소형이 1대씩이면 각각 12번에 나를 수 있다고 합니다. 회사 사정으로 대형 버스는 1대, 중형 버스는 3대만 운행되고, 나머지는 소형 버스라고 합니다. 어느 버스나 1번씩 전교생을 나른다면 소형 버스는 몇 대 필요합니까? (단, 왕복은 생각하지 않습니다.)

교과서 기본 과정

01 다음 나눗셈에서 몫이 나누어지는 수보다 큰 것은 어느 것입니까?

① $\dfrac{3}{7} \div 1\dfrac{1}{4}$ 　　② $\dfrac{3}{7} \div 2\dfrac{1}{5}$ 　　③ $\dfrac{3}{7} \div \dfrac{9}{10}$

④ $\dfrac{3}{7} \div 2\dfrac{1}{3}$ 　　⑤ $\dfrac{3}{7} \div 1\dfrac{1}{6}$

02 $8\dfrac{3}{4}$ L의 물을 $1\dfrac{1}{4}$ L 들이의 물통에 나누어 담으려고 합니다. $1\dfrac{1}{4}$ L 들이의 물통은 몇 개가 필요합니까?

03 동화책을 어제는 전체의 $\dfrac{1}{5}$ 을 읽었고, 오늘은 나머지의 $\dfrac{3}{4}$ 을 읽었습니다. 동화책을 끝까지 다 읽으려면 앞으로 67쪽을 더 읽어야 합니다. 이 동화책은 모두 몇 쪽입니까?

04 0.4 m의 대나무로 단소 한 개를 만든다면, 대나무 3 m로 같은 길이의 단소를 몇 개까지 만들 수 있습니까?

05 다음을 계산하면 얼마가 됩니까?

$$10.5 \div 0.7 \times \frac{2}{3}$$

06 휘발유 0.5 L로 8 km를 갈 수 있는 자동차가 있습니다. 이 자동차에 휘발유가 47.5 L 있다면 몇 km를 갈 수 있습니까?

07 다음 그림은 쌓기나무로 쌓은 모양과 위에서 본 모양을 그려 놓은 것입니다. 사용된 쌓기나무의 개수가 가장 많은 것과 가장 적은 것의 개수의 합을 구하면 몇 개입니까?

가
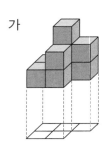

나
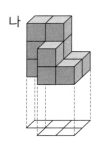

다
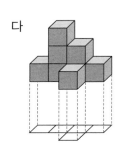

08 쌓기나무를 이용하여 위, 앞, 오른쪽 옆에서 본 모양이 각각 다음과 같은 모양이 되도록 만들려고 합니다. 쌓기나무는 최소 몇 개가 필요합니까?

(위)

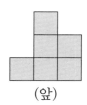
(앞)

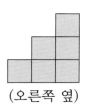
(오른쪽 옆)

09 다음은 쌓기나무 9개로 쌓은 모양을 위, 앞에서 본 모양입니다. 쌓은 모양을 오른쪽 옆에서 보았을 때의 모양으로 알맞은 것은 어느 것입니까?

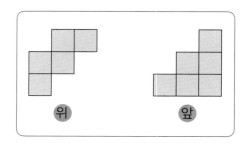
위   앞

①   ②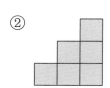

③ 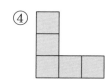   ④ 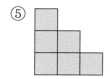   ⑤

10 □ 안에 알맞은 수는 얼마입니까?

$$2.7 : 3 = (\boxed{} + 0.2) : 8$$

11 밑면의 가로와 세로의 길이의 비는 4 : 3, 세로와 높이의 비는 6 : 5인 직육면체가 있습니다. 이 직육면체의 가로의 길이가 48 cm일 때 높이는 몇 cm입니까?

12 넓이가 12 m²인 벽에 페인트를 칠하는 데 15 L의 페인트가 필요하다면, 8.25 L의 페인트로는 ■ m²의 벽을 칠할 수 있습니다. ■ × 10의 값은 얼마입니까?

교과서 응용 과정

13 □ 안에 들어갈 수 있는 1보다 큰 자연수의 합은 얼마입니까?

$$6 \div \frac{1}{\square} < 20 \div \frac{4}{9}$$

14 신영이는 가지고 있던 색종이의 $\frac{1}{5}$을 한솔이에게 주고, 그 나머지의 $\frac{3}{5}$을 규형이에게 준 뒤, 미술 시간에 25장을 사용하고 나니 7장이 남았습니다. 처음에 신영이가 가지고 있던 색종이는 몇 장입니까?

15 오른쪽 사다리꼴의 넓이는 133.1 cm²입니다. 이 사다리꼴의 높이는 몇 cm입니까?

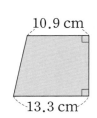

10.9 cm

13.3 cm

16 42.907을 어떤 수로 나누어 몫을 소수 둘째 자리까지 나타내면 몫은 12.25이고, 나머지는 0.032입니다. (어떤 수)×10의 값은 얼마입니까?

17 오른쪽 그림은 쌓기나무로 쌓은 모양을 보고 위에서 본 모양의 각 자리에 쌓은 쌓기나무의 수를 쓴 것입니다. 3층 이상에 쌓은 쌓기나무는 모두 몇 개입니까?

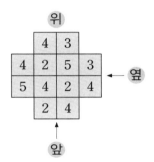

18 보기의 두 가지 쌓기나무 모양을 사용하여 새로운 모양을 만들었습니다. 다음 중 만들 수 있는 모양은 모두 몇 개입니까?

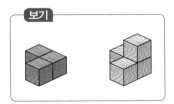

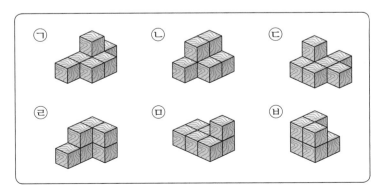

19 높이와 밑변의 길이의 비가 $2 : \dfrac{6}{7}$ 인 삼각형이 있습니다. 높이가 14 cm 이면 넓이는 몇 cm²가 되겠습니까?

20 한초와 용희가 사탕 132개를 나누어 가졌습니다. 한초가 용희보다 12 개 적게 가졌을 때, 한초가 가진 사탕 수에 대한 용희가 가진 사탕 수의 비를 가장 간단한 자연수의 비로 나타내면 ▲ : ■입니다. 이때 ▲＋■ 의 값은 얼마입니까?

교과서 심화 과정

21 수직선에서 ㉠은 ㉡의 몇 배인지 기약분수로 나타내면 $\dfrac{\blacktriangle}{\blacksquare}$배입니다. 이때 ■＋▲의 값을 구하시오.

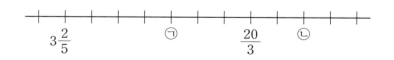

22 합이 41.53이고 차가 13.77인 두 수가 있습니다. 큰 수를 작은 수로 나누었을 때의 몫을 반올림하여 소수 첫째 자리까지 구한 값을 ㉠이라고 할 때 ㉠×10의 값을 구하시오.

23 한 장의 무게가 460 g인 유리판이 여러 장 쌓여 있습니다. 유리판 전체의 무게를 재어 보니 257.6 kg이었습니다. 석기와 지혜가 5 : 3의 비로 유리판을 나누어 갖는다면 지혜는 몇 장의 유리판을 갖게 되겠습니까?

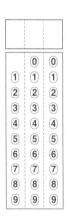

24 두 정사각형 ㉮와 ㉯의 한 변의 길이의 비는 3 : 5입니다. 정사각형 ㉯의 넓이가 500 cm²라면 정사각형 ㉮의 넓이는 몇 cm²입니까?

25 다음과 같은 규칙으로 쌓기나무를 놓을 때, 11번째 모양을 만들기 위해서는 쌓기나무가 몇 개 필요합니까?

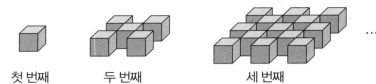

첫 번째   두 번째   세 번째   …

창의 사고력 도전 문제

26 미영이네 학교 6학년 학생 300명을 대상으로 남동생과 여동생이 있는 학생을 조사하였습니다. 남동생과 여동생이 모두 있는 학생은 남동생이 있는 학생의 $\frac{1}{8}$, 여동생이 있는 학생의 $\frac{1}{6}$이고, 동생이 없는 학생은 40명이었습니다. 미영이네 학교 6학년 학생 중 여동생이 있는 학생은 몇 명입니까?

27 14 %의 소금물 300 g이 있습니다. 그런데 이 소금물에서는 매일 같은 양의 물이 증발한다고 합니다. 10일 동안 증발한 뒤 이 소금물에 6 %의 소금물 150 g을 섞었더니 15 %의 소금물이 되었습니다. 물은 매일 몇 g씩 증발하였습니까?

28 모양과 크기가 같은 사다리꼴 ㉮, ㉯가 있습니다. ㉮는 한 대각선으로 잘라 ㉠과 ㉡으로 나누고, ㉯는 높이가 같은 사다리꼴 ㉢과 ㉣로 잘랐습니다. ㉠과 ㉡의 두 삼각형의 넓이의 비는 3 : 5이고 ㉯에서 사다리꼴 ㉢의 넓이는 140 cm²일 때, 삼각형 ㉠의 넓이는 몇 cm²입니까?

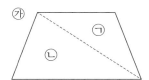 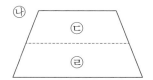

29 오른쪽 그림처럼 검은색과 흰색의 정육면체 모양의 쌓기나무를 쌓아 큰 정육면체를 만들었습니다. 검은색이 나타나 있는 부분은 맞은편까지 모두 검은색입니다. 큰 정육면체에 들어 있는 검은색 쌓기나무는 모두 몇 개입니까?

30 다음 **보기**와 같이 주어진 테두리 안에 쌓기나무를 그릴 때, 가장 적게 그리는 경우의 쌓기나무의 개수를 ㉠개, 가장 많게 그리는 경우의 쌓기나무의 개수를 ㉡개라고 했을 때, ㉠＋㉡은 얼마입니까? (단, 1층에 놓을 쌓기나무는 4개입니다.)

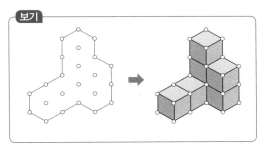 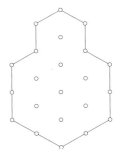

🌸 부록에 있는 OMR 카드를 사용해 보세요.

교과서 기본 과정

01 □ 안에 알맞은 수는 얼마입니까?

$$\square \div \frac{5}{8} = 11\frac{1}{5}$$

( )

02 꽃병 1개를 만드는 데 찰흙 $1\frac{1}{4}$ kg이 필요하다고 합니다. 찰흙 15 kg으로는 꽃병 몇 개를 만들 수 있습니까?

( )개

03 다음 4장의 숫자 카드 중에서 3장을 한 번씩만 사용하여 만들 수 있는 대분수 중 가장 큰 대분수를 가장 작은 대분수로 나눈 몫이 $㉠\frac{㉢}{㉡}$일 때, $㉠×㉡+㉢$은 얼마입니까? (단, $㉠\frac{㉢}{㉡}$은 기약분수입니다.)

| 1 | 2 | 5 | 7 |

( )

04 다음 중 몫이 1보다 큰 것은 어느 것입니까? (   )

① $45.25 \div 49$ ② $26.47 \div 27.99$ ③ $4.2 \div 4.5$

④ $20.65 \div 18$ ⑤ $3.8 \div 7$

05 □ 안에 알맞은 수는 얼마입니까?

$$\boxed{} \times 5.16 = 67.08$$

(   )

06 나눗셈의 몫을 자연수 부분까지 구하고 나머지를 구했을 때 ㉠ + ㉡ × 100은 얼마입니까?

$$47 \div 3.25 = \boxed{㉠} \cdots \boxed{㉡}$$

(   )

07 위, 앞, 옆에서 본 모양이 각각 다음과 같을 때, 이와 같은 모양을 만들기 위해 사용한 쌓기나무의 개수는 모두 몇 개입니까?

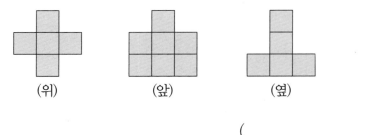

(위)   (앞)   (옆)

(   )개

08 오른쪽 그림에서 □ 안의 수는 그 칸에 쌓은 쌓기나무의 개수입니다. 2층 이상에 있는 쌓기나무는 몇 개입니까?

2	4	1	
3		2	5
2			

(   )개

09 유승이는 쌓기나무를 32개 가지고 있습니다. 다음과 같은 모양을 쌓고 남은 쌓기나무는 몇 개입니까?

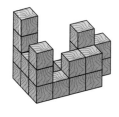   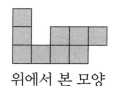

위에서 본 모양

(   )개

10 비례식을 만들려고 합니다. □ 안에 들어갈 수 있는 비는 어느 것입니까? (　　　　)

$$4 : 5 = \boxed{}$$

① 5 : 4　　　　② 3 : 4　　　　③ 6 : 7

④ 8 : 10　　　　⑤ 12 : 13

11 비례식에서 외항의 곱이 60일 때 ㉠과 ㉡의 차는 얼마입니까?

$$6 : 5 = ㉠ : ㉡$$

(　　　　　　　　　　)

12 영수와 웅이의 대화에서 전체 이익금은 ㉠만 원입니다. ㉠에 알맞은 수는 얼마입니까?

영수 : 나는 120만 원을 투자했고 너는 150만 원을 투자했어.
웅이 : 투자하여 얻은 이익금을 투자한 금액의 비로 비례배분하자!
영수 : 나는 이익금 72만 원을 받으면 된다.
웅이 : 전체 이익금이 얼마인데?

(　　　　　　　　　　)

교과서 응용 과정

13 다음 나눗셈의 몫은 자연수입니다. 50까지의 자연수 중에서 □ 안에 들어갈 수 있는 수는 몇 개입니까?

$$\frac{3}{4} \div \frac{6}{□}$$

(   )개

14 어떤 학교 학생 전체의 54 %는 체육을 좋아하고, 그중 $\frac{4}{9}$는 축구를 좋아합니다. 축구를 좋아하는 학생이 180명이라면 이 학교 학생은 모두 몇 명입니까?

(   )명

15 10초에 0.34 L씩 나오는 가 수도꼭지와 5초에 1.12 L씩 나오는 나 수도꼭지가 있습니다. 두 수도꼭지를 동시에 틀어서 34.83 L의 물통을 가득 채우려고 합니다. 물통을 가득 채우는 데 걸리는 시간은 몇 초입니까?

(   )초

16 둘레가 10.6 cm인 직사각형의 세로가 가로보다 0.9 cm 짧다고 합니다. 직사각형의 가로는 세로의 약 몇 배인지 반올림하여 소수 둘째 자리까지 구하면 ㉠.㉡㉢입니다. ㉠＋㉡＋㉢은 얼마입니까?

(   )

17 오른쪽 그림에서 □ 안의 숫자만큼 쌓기나무를 쌓은 모양은 어느 것입니까? (   )

①   ②   ③

④  ⑤

18 한 모서리의 길이가 2 cm인 정육면체 모양의 쌓기나무를 오른쪽 그림 위에 쌓아올렸습니다. □ 안의 숫자는 그 곳에 쌓아올린 쌓기나무의 개수입니다. 밑면을 포함하여 위, 앞, 옆에서 봤을 때, 보이는 면의 넓이의 합은 몇 cm²입니까?

(   ) cm²

19 비 $\dfrac{\square}{12} : \dfrac{9}{16}$ 를 가장 간단한 자연수의 비로 나타내었더니 8 : 3이 되었습니다. □ 안에 알맞은 수는 얼마입니까?

(   )

20 지현이는 지난달에 수학 문제집과 영어 문제집을 합쳐서 350쪽을 풀었습니다. 이번 달 수학 문제집은 지난달과 같은 양을 풀었고, 영어 문제집은 지난달보다 22쪽 덜 풀어서 수학 문제집과 영어 문제집을 푼 쪽수의 비가 23 : 18이 되었습니다. 이번 달에 지현이가 푼 수학 문제집은 모두 몇 쪽입니까?

(   )쪽

교과서 심화 과정

21 다음과 같은 규칙으로 수를 늘어놓았습니다. 6번째 줄 왼쪽에서 5번째에 있는 분수를 ㉠, 14번째 줄 왼쪽에서 5번째에 있는 분수를 ㉡이라 할 때 ㉠÷㉡×10을 계산하면 얼마입니까?

첫 번째 줄	$\dfrac{1}{1}$	$\dfrac{1}{2}$	$\dfrac{2}{3}$	$\dfrac{2}{4}$	$\dfrac{3}{5}$	$\dfrac{3}{6}$	…
두 번째 줄	$\dfrac{2}{4}$	$\dfrac{2}{5}$	$\dfrac{3}{6}$	$\dfrac{3}{7}$	$\dfrac{4}{8}$	$\dfrac{4}{9}$	…
세 번째 줄	$\dfrac{3}{9}$	$\dfrac{3}{10}$	$\dfrac{4}{11}$	$\dfrac{4}{12}$	$\dfrac{5}{13}$	$\dfrac{5}{14}$	…
네 번째 줄	$\dfrac{4}{16}$	$\dfrac{4}{17}$	$\dfrac{5}{18}$	$\dfrac{5}{19}$	$\dfrac{6}{20}$	$\dfrac{6}{21}$	…
다섯 번째 줄	$\dfrac{5}{25}$	$\dfrac{5}{26}$	$\dfrac{6}{27}$	$\dfrac{6}{28}$	$\dfrac{7}{29}$	$\dfrac{7}{30}$	…
⋮	⋮	⋮	⋮	⋮	⋮	⋮	

(   )

22 313.5 L들이 수조의 바닥에 구멍이 나서 3분에 1.8 L의 물이 샌다고 합니다. 비어있는 이 수조에 5분 동안 13 L의 물이 나오는 수도꼭지 ㉮와 3분 12초 동안 11.2 L의 물이 나오는 수도꼭지 ㉯를 동시에 틀어서 물을 가득 받으려고 합니다. 물을 가득 받는데 몇 분이 걸리겠습니까?

(   )분

23 정육면체 모양의 쌓기나무를 쌓아 오른쪽 같은 정육면체를 만든 후 바닥과 맞닿는 면을 제외한 5개의 면에 색을 칠하였습니다. 이때, 두 면에만 색칠된 쌓기나무의 개수와 한 면에만 색칠된 쌓기나무의 개수의 차는 몇 개입니까?

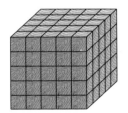

(   )개

24 어느 학교의 6학년 남학생과 여학생 수의 비가 17 : 15였습니다. 그런데 남학생 몇 명이 새로 전학을 와서 남학생과 여학생 수의 비는 37 : 30이 되었고, 학생은 모두 268명이 되었습니다. 남학생 몇 명이 전학 오기 전에 6학년 학생은 모두 몇 명이었습니까?

(   )명

25 직사각형 ㉠과 ㉡은 그림과 같이 겹쳐져 있습니다. 겹쳐진 부분의 넓이는 직사각형 ㉠의 넓이의 $\frac{2}{5}$이고, 직사각형 ㉡의 넓이의 $\frac{3}{7}$입니다. 직사각형 ㉠의 넓이가 60 cm² 라면, 직사각형 ㉡의 넓이는 몇 cm²입니까?

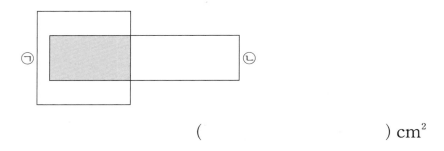

(   ) cm²

┈┈┈ 창의 사고력 도전 문제 ┈┈┈

26 네 수 가, 나, 다, 라의 관계가 다음과 같습니다. (가÷다)×(라÷다)를 구하시오.

> • 가와 나의 곱은 $2\frac{3}{8}$입니다.
>
> • 다와 나의 곱은 $\frac{1}{16}$입니다.
>
> • 라와 나의 곱은 $1\frac{1}{4}$입니다.

(   )

---

27 세 사람이 있습니다. 두 사람씩 짝을 지은 키의 평균이 각각 149.3 cm, 142.7 cm, 145.6 cm입니다. 키가 가장 큰 사람의 키는 두 번째로 큰 사람의 키의 몇 배가 되는 지 반올림하여 소수 둘째 자리까지 구하면 ㉠.㉡㉢일 때, ㉠×㉢은 얼마입니까?

(   )

28 밑면의 가로와 세로의 길이의 비는 3 : 2이고, 밑면의 세로와 높이의 비는 5 : 2인 직육면체가 있습니다. 밑면의 세로가 10 cm일 때 직육면체의 겉넓이는 몇 cm²입니까?

( ) cm²

29 같은 크기의 검은색 정육면체와 흰색 정육면체들이 있습니다. 이 정육면체들을 몇 개씩 쌓아 보기와 같이 큰 정육면체를 만들려고 합니다. 이때 정육면체 6개의 모든 면이 각각 아래에 나타낸 모양들이 되도록 입체도형을 만들려면 실제로 만들 수 있는 면은 ㉠~㉣ 중 몇 가지입니까? (단, 돌리거나 뒤집어 합동이 되는 모양은 같은 모양으로 생각합니다.)

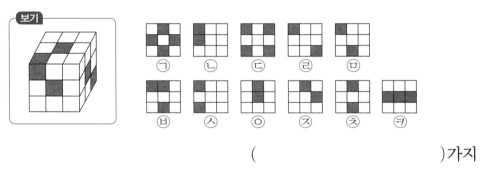

( )가지

30 사다리꼴 ㄱㄴㄷㄹ의 넓이는 196 cm²이고 삼각형 ㄱㅁㄹ과 삼각형 ㄴㄷㅁ의 넓이가 같을 때 삼각형 ㄹㅁㄷ의 넓이는 몇 cm²입니까?

( ) cm²

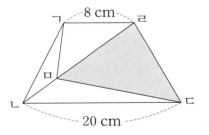

🌸 부록에 있는 OMR 카드를 사용해 보세요.

교과서 기본 과정

01 8 L의 소금물을 $\frac{1}{4}$ L들이의 그릇에 가득 채워 모두 나누어 담으려고 합니다. $\frac{1}{4}$ L 들이의 그릇은 모두 몇 개 있어야 합니까?

(   )개

02 몫이 가장 큰 나눗셈부터 차례로 기호를 쓴 것은 어느 것입니까? (   )

$$ ⊙ \; \frac{3}{4} \div 1\frac{5}{8} \qquad ⓛ \; 2\frac{1}{4} \div \frac{7}{8} \qquad © \; 2\frac{3}{4} \div 1\frac{5}{6} $$

① ㉠, ㉡, ㉢   ② ㉠, ㉢, ㉡   ③ ㉡, ㉠, ㉢

④ ㉡, ㉢, ㉠   ⑤ ㉢, ㉡, ㉠

03 유승이는 3시간 동안 $11\frac{1}{4}$ km를 걸었습니다. 같은 빠르기로 4시간 동안 걷는다면 몇 km를 걸을 수 있겠습니까?

(   ) km

04 다음 중 계산한 값이 ㉠보다 큰 것은 어느 것입니까? (   )

① ㉠÷1　　　　　　② ㉠÷1.6　　　　　　③ ㉠×0.96

④ ㉠×1　　　　　　⑤ ㉠÷0.5

05 한초가 가지고 있는 색 테이프의 길이는 15.21 m이고, 효근이가 가지고 있는 색 테이프의 길이는 42.588 m입니다. 효근이가 가지고 있는 색 테이프의 길이는 한초가 가지고 있는 색 테이프의 길이의 ▲배일 때, ▲×10의 값은 얼마입니까?

(   )

06 4장의 숫자 카드 1, 3, 6, 8 을 한 번씩 모두 사용하여 아래 나눗셈식을 만들려고 합니다. 몫이 가장 작은 경우의 몫을 반올림하여 소수 첫째 자리까지 구한 답이 ㉠일 때, ㉠×10의 값을 구하시오.

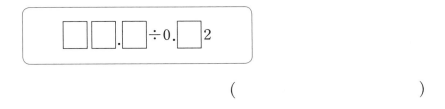

(   )

07 다음 중 보기의 쌓기나무로 쌓은 모양이 <u>아닌</u> 것은 어느 것입니까? (   )

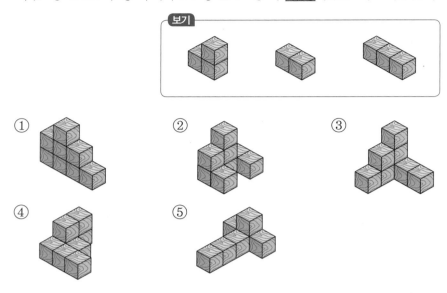

08 위와 오른쪽 옆에서 본 모양이 다음과 같이 되도록 쌓기나무를 쌓으려고 합니다. 쌓기나무는 최소 몇 개 필요합니까?

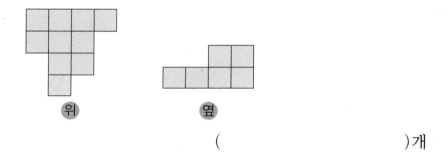

(   )개

09 쌓기나무 11개로 쌓은 모양을 위, 앞, 옆에서 본 모양입니다. 위에서 본 모양의 ㉠ 자리에 쌓인 쌓기나무는 몇 개입니까?

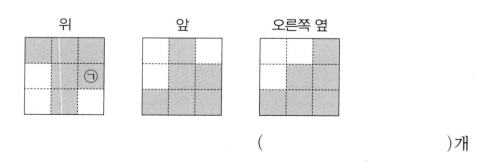

(   )개

10 비 $2.6 : 3\frac{3}{4}$ 을 가장 간단한 자연수의 비로 나타내려면 각 항에 얼마를 곱해야 합니까?

(   )

11 리본을 $8 : 5$ 로 나누어 잘랐더니 더 긴쪽의 리본의 길이가 168 cm였습니다. 자르기 전의 리본의 길이는 몇 cm입니까?

(   ) cm

12 8살인 동생과 12살인 형은 어머니께서 사 오신 사탕을 나이의 비를 이용하여 나누어 먹기로 하였습니다. 어머니께서 사 오신 사탕이 25개일 때 동생은 몇 개의 사탕을 먹을 수 있습니까?

(   )개

교과서 응용 과정

13 3분 20초 동안 $4\frac{2}{5}$ cm만큼 타는 양초가 있습니다. 같은 빠르기로 양초가 $13\frac{1}{5}$ cm 타는 데 걸리는 시간은 몇 분입니까?

(   )분

14 신영이는 어머니께 용돈을 받아 어제는 용돈의 $\frac{1}{3}$보다 1000원 더 많이 사용하고, 오늘은 남은 용돈의 $\frac{1}{4}$을 사용하였더니 2400원이 남았습니다. 신영이가 어머니께 받은 용돈의 $\frac{1}{10}$은 얼마입니까?

(   )원

15 $34.57 \div 1.3$의 몫을 반올림하여 소수 첫째 자리까지 구했을 때와 소수 둘째 자리까지 구했을 때의 몫의 차를 ㉠이라고 하면, ㉠×100은 얼마입니까?

(   )

16 자동차로 65.79 km를 가는 데 1시간 18분이 걸렸습니다. 1시간에 몇 km를 갔는지 반올림하여 자연수로 나타내시오.

(   ) km

17 다음은 쌓기나무를 이용하여 쌓은 모양을 위, 앞, 오른쪽 옆에서 본 모양입니다. 사용된 쌓기나무는 최소 몇 개입니까?

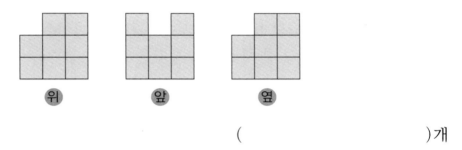

위   앞   옆

(   )개

18 다음과 같은 규칙으로 쌓기나무를 쌓을 때, 50번째에는 몇 개의 쌓기나무가 필요합니까?

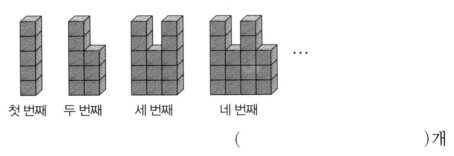

첫 번째   두 번째   세 번째   네 번째

(   )개

19 상연이네 밭의 넓이에 대한 논의 넓이의 비율은 $1\frac{2}{5}$입니다. 논의 넓이가 315 m²일 때, 밭의 넓이는 몇 m²입니까?

(   ) m²

20 오른쪽 그림에서 색칠한 부분은 가의 $\frac{1}{3}$, 나의 $\frac{4}{9}$에 해당된다고 합니다. 가와 나의 넓이의 비를 가장 간단한 자연수의 비로 나타내면 ■ : ▲라고 할 때 ■＋▲의 값은 얼마입니까?

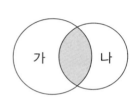

(   )

교과서 심화 과정

21 다음 두 나눗셈의 몫이 자연수가 되도록 할 때 ㉠에 들어갈 수 있는 자연수를 모두 더한 값은 얼마입니까?

$$4\frac{4}{5} \div \frac{㉠}{15} \qquad \frac{㉠}{14} \div \frac{3}{7}$$

(   )

22 떨어진 높이의 80 %만큼 다시 튀어 오르는 공이 있습니다. 이 공이 떨어진 후 두 번째로 튀어 올랐을 때의 공의 높이가 64 cm였습니다. 이 공이 떨어진 높이는 몇 m입니까?

(   ) m

23 조건 에 맞게 쌓기나무를 쌓으려고 합니다. 쌓을 수 있는 모양은 모두 몇 가지입니까?

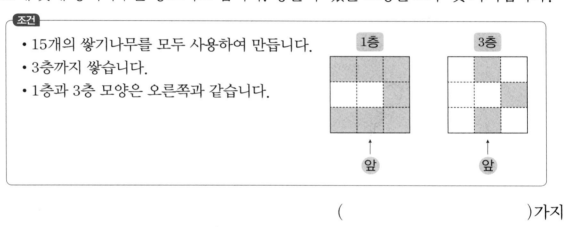

조건
- 15개의 쌓기나무를 모두 사용하여 만듭니다.
- 3층까지 쌓습니다.
- 1층과 3층 모양은 오른쪽과 같습니다.

1층   3층

앞   앞

(   )가지

24 맞물려 돌아가는 두 톱니바퀴가 있습니다. ㉮의 톱니 수는 35개이고, ㉯의 톱니 수는 28개입니다. ㉮ 톱니바퀴가 200번 도는 동안 ㉯ 톱니바퀴는 몇 바퀴 돌겠습니까?

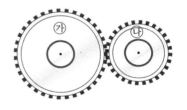

(   )바퀴

25 한솔이네 학교의 지난해 학생은 1350명이었습니다. 올해에는 지난해 남학생 수의 $\frac{1}{50}$, 여학생 수의 $\frac{1}{25}$이 증가하여 전체 학생이 39명 늘어났습니다. 지난해 여학생은 몇 명이었습니까?

(   )명

창의 사고력 도전 문제

26 다음 식에서 ㉠에 들어갈 기약분수 중 분모가 10보다 작은 기약분수는 모두 몇 개입니까?

$$\frac{3}{4} \div \boxed{㉠} > 1$$

(   )개

27 다음과 같이 일정한 규칙으로 늘어놓은 수의 합을 ㉮라 할 때, ㉮의 값을 얼마입니까?

$$㉮ = 3 + 1.2 + 0.48 + 0.192 + 0.0768 + \cdots$$

(   )

28 배와 사과를 28개 사고 49600원을 지불했습니다. 배와 사과의 수의 비는 4 : 3이고 배와 사과의 한 개의 가격의 비는 11 : 6입니다. 사과 한 개의 가격을 ■원이라고 할 때 ■ × $\frac{1}{10}$ 의 값을 구하시오.

(   )

29 정육면체 모양의 쌓기나무 15개를 이용하여 아래와 같이 모양을 만들었습니다. 선분 ㄱㄴ의 길이가 2 cm일 때, 이 모양의 겉넓이는 ㉠ cm²입니다. 이때 ㉠ × 10의 값을 구하시오.

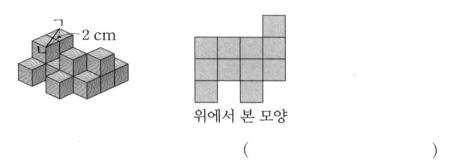

위에서 본 모양

(   )

30 떨어진 높이의 80 %만큼 튀어 오르는 공이 있습니다. 다음과 같이 된 계단에서 이 공이 세 번째로 튀어 오른 높이가 22.4 cm라면 처음에 공을 떨어뜨린 높이는 땅바닥에서부터 몇 cm 되는 곳입니까?

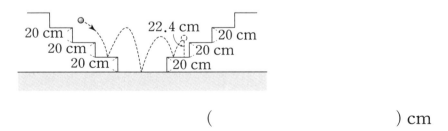

(   ) cm

KMA 한국수학학력평가

학 교 명:

성 명:

현재 학년: **반:**

| 수 험 번 호 (1) |
| 생 년 월 일 (2) |
| 년 | 월 | 일 |
| 감독자 확인란 |

번호	1번	2번	3번	4번	5번	6번	7번	8번	9번	10번
답란	백 십 일	백 십 일	백 십 일	백 십 일	백 십 일	백 십 일	백 십 일	백 십 일	백 십 일	백 십 일

번호	11번	12번	13번	14번	15번	16번	17번	18번	19번	20번
답란	백 십 일	백 십 일	백 십 일	백 십 일	백 십 일	백 십 일	백 십 일	백 십 일	백 십 일	백 십 일

번호	21번	22번	23번	24번	25번	26번	27번	28번	29번	30번
답란	백 십 일	백 십 일	백 십 일	백 십 일	백 십 일	백 십 일	백 십 일	백 십 일	백 십 일	백 십 일

1. 모든 항목은 컴퓨터용 사인펜만 사용하여 보기와 같이 표기하시오.

보기) ① ● ③

※ 잘못된 표기 예시 : ✓ ✗ ⦿ ⦸

2. 수정시에는 수정테이프를 이용하여 깨끗하게 수정합니다.

3. 수험번호(1), 생년월일(2)란에는 감독 선생님의 지시에 따라 아라비아 숫자로 쓰고
해당란에 표기하시오.

4. 답란에는 아라비아 숫자를 쓰고, 해당란에 표기하시오.

※ OMR카드를 잘못 작성하여 발생한 성적 결과는 책임지지 않습니다.

OMR 카드 답안작성 예시 1 한 자릿수	예1) 답이 1 또는 선다형 답이 ①인 경우

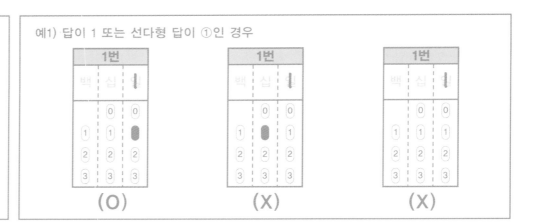

OMR 카드 답안작성 예시 2 두 자릿수	예2) 답이 12인 경우

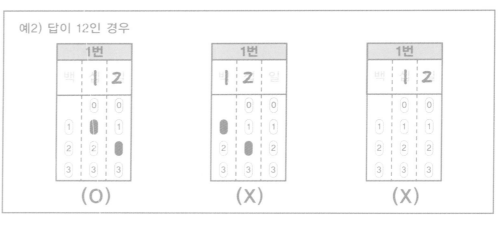

OMR 카드 답안작성 예시 3 세 자릿수	예3) 답이 230인 경우

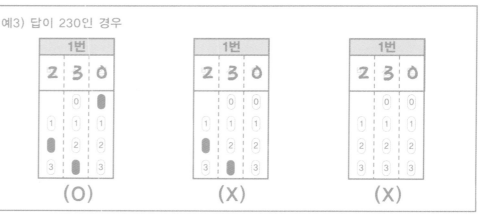

KMA 한국수학학력평가

학 교 명:

성 명:

현재 학년: 반:

수 험 번 호 (1)

생 년 월 일 (2)
년 월 일

감독자
확인란

답안지 OMR 카드 (마킹 영역)

번호	1번	2번	3번	4번	5번	6번	7번	8번	9번	10번

번호	11번	12번	13번	14번	15번	16번	17번	18번	19번	20번

번호	21번	22번	23번	24번	25번	26번	27번	28번	29번	30번

1. 모든 항목은 컴퓨터용 사인펜만 사용하여 보기와 같이 표기하시오.

   보기) ① ❷ ③

   ※ 잘못된 표기 예시 : ⊘ ⊗ ⊙ ⊘

2. 수정시에는 수정테이프를 이용하여 깨끗하게 수정합니다.

3. 수험번호(1), 생년월일(2)란에는 감독 선생님의 지시에 따라 아라비아 숫자로 쓰고 해당란에 표기하시오.

4. 답란에는 아라비아 숫자를 쓰고, 해당란에 표기하시오.

   ※ OMR카드를 잘못 작성하여 발생한 성적 결과는 책임지지 않습니다.

OMR 카드 답안작성 예시 1 한 자릿수	예1) 답이 1 또는 선다형 답이 ①인 경우

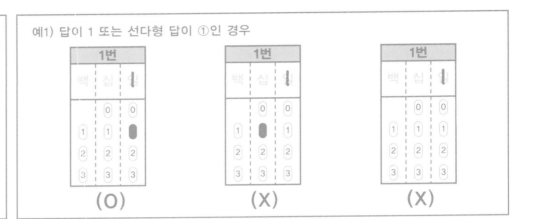

OMR 카드 답안작성 예시 2 두 자릿수	예2) 답이 12인 경우

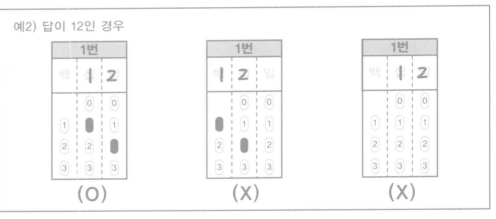

OMR 카드 답안작성 예시 3 세 자릿수	예3) 답이 230인 경우

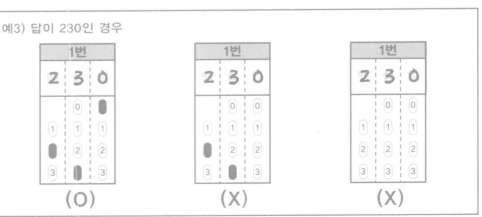

KMA

Korean Mathematics Ability Evaluation

한국수학학력평가

하반기 대비

정답과 풀이

초 **6** 학년

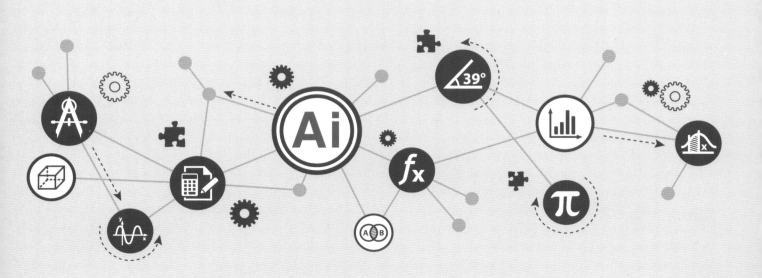

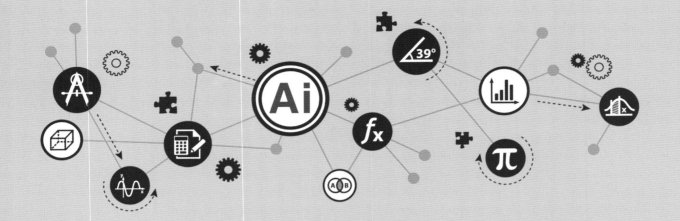

KMA
Korean Mathematics Ability Evaluation
한국수학학력평가

하반기 대비

정답과 풀이

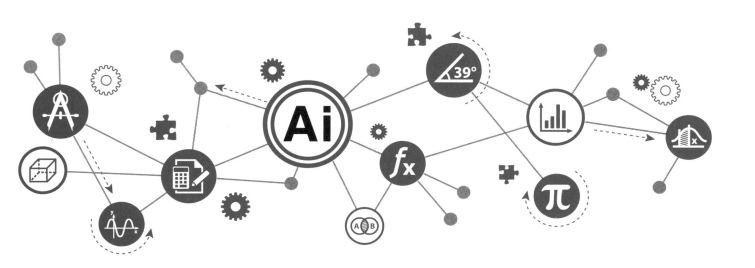

KMA 단원 평가

① 분수의 나눗셈
8~17쪽

01 ②	**02** ④	**03** 2
04 144	**05** 10	**06** 72
07 13	**08** ③	**09** 65
10 15	**11** 26	**12** 64
13 14	**14** 6	**15** ⑤
16 15	**17** 13	**18** 12
19 7	**20** 9	**21** 6
22 36	**23** 71	**24** 150
25 33	**26** 8	**27** 66
28 58	**29** 4	**30** 120

01 $\dfrac{5}{8} \div \dfrac{4}{9} = \dfrac{5}{8} \times \dfrac{9}{4} = \dfrac{5 \times 9}{8 \times 4}$
$= (5 \times 9) \div (8 \times 4)$ 또는
$\dfrac{5}{8} \div \dfrac{4}{9} = \dfrac{5 \times 9}{8 \times 9} \div \dfrac{4 \times 8}{9 \times 8} = (5 \times 9) \div (4 \times 8)$

02 나눗셈에서 나누는 수가 1보다 작을 경우 몫이 나누어지는 수보다 커집니다.

03 $\dfrac{5}{7} \div \dfrac{3}{7} = 1\dfrac{2}{3}$, $\dfrac{7}{12} \div \dfrac{3}{5} = \dfrac{35}{36}$, $\dfrac{7}{8} \div \dfrac{1}{2} = 1\dfrac{3}{4}$,
$\dfrac{6}{13} \div \dfrac{5}{7} = \dfrac{42}{65}$, $\dfrac{4}{5} \div \dfrac{2}{9} = 3\dfrac{3}{5}$
이므로 몫이 1보다 작은 것은 2개입니다.

04 (전체 쪽수) $\times \dfrac{2}{3} = 96$,
(전체 쪽수) $= 96 \div \dfrac{2}{3} = 96 \times \dfrac{3}{2} = 144$(쪽)

05 $36 \div 3\dfrac{3}{5} = 36 \div \dfrac{18}{5} = 36 \times \dfrac{5}{18} = 10$(m)

06 화성은 지구 몸무게의 $\dfrac{1}{3}$,
달은 지구 몸무게의 $\dfrac{1}{6}$입니다.
따라서 (아빠의 몸무게) $\times \dfrac{1}{6} = 12$에서
$12 \times 6 = 72$(kg)입니다.

07 ⑦ $= \dfrac{15}{7}$, ⑭ $= \dfrac{5}{8}$

⑦ $\div$ ⑭ $= \dfrac{15}{7} \div \dfrac{5}{8} = \dfrac{15}{7} \times \dfrac{8}{5} = \dfrac{24}{7} = 3\dfrac{3}{7}$
➡ (㉠+㉡+㉢의 최솟값) $= 3+7+3 = 13$

08 ① $2\dfrac{5}{14}$　　② $\dfrac{7}{12}$　　③ $\dfrac{1}{12}$
④ $1\dfrac{7}{20}$　　⑤ 4

09 $8 \div \dfrac{4}{5} = 8 \times \dfrac{5}{4} = 10$, $12 \div \dfrac{3}{4} = 12 \times \dfrac{4}{3} = 16$
따라서 □ 안에 들어갈 수 있는 자연수의 합은
$11+12+13+14+15 = 65$입니다.

10 $2\dfrac{3}{4} = \dfrac{11}{4}$이므로 □ 안에 알맞은 기약분수는
$\dfrac{4}{11}$입니다.
➡ $11+4 = 15$

11 (물통에 채워야 하는 물의 양)
$= 6\dfrac{2}{5} - 2\dfrac{1}{2} = 3\dfrac{9}{10}$(L)
따라서 물통에 물을 가득 채우려면
$\dfrac{3}{20}$ L들이의 그릇으로 최소한
$3\dfrac{9}{10} \div \dfrac{3}{20} = \dfrac{39}{10} \times \dfrac{20}{3} = 26$(번)을
부어야 합니다.

12 (2주일 동안 두발자전거를 만드는 시간)
$= 8 \times 7 \times 2 = 112$(시간)
따라서 하루에 8시간씩 2주일 동안에는 두발자전거를 $112 \div 1\dfrac{3}{4} = 112 \times \dfrac{4}{7} = 64$(대) 만들 수 있습니다.

13 $1\dfrac{3}{4} \times 3 \div \dfrac{3}{8} = \dfrac{7}{4} \times 3 \times \dfrac{8}{3} = 14$(개)

14 (삼각형의 넓이) $=$ (밑변) $\times$ (높이) $\div 2$
$8\dfrac{2}{5} = 4\dfrac{4}{5} \times$ (높이) $\div 2$에서
(삼각형의 높이) $= 8\dfrac{2}{5} \times 2 \div 4\dfrac{4}{5} = 3\dfrac{1}{2}$(cm)
➡ (㉠+㉡+㉢의 최솟값) $= 3+2+1 = 6$

15 ① $2\dfrac{2}{3}$　② 9　③ 8　④ $5\dfrac{2}{5}$　⑤ 13

16 (선분 ㄴㄷ의 길이)$=18+18-30=6(m)$

따라서 선분 ㄴㄷ의 길이를 $\frac{2}{5}$ m씩 자르면

$6 \div \frac{2}{5} = 15$(도막)이 됩니다.

17 20분$=\frac{1}{3}$시간, 1시간 30분$=1\frac{1}{2}$시간

$1\frac{1}{2} \div \frac{1}{3} \times 1\frac{1}{2} = \frac{3}{2} \times 3 \times \frac{3}{2}$

$\qquad\qquad = \frac{27}{4} = 6\frac{3}{4}(km)$

➡ (㉠+㉡+㉢의 최솟값)$=6+4+3=13$

18 $5 \times 2\frac{1}{4} \div 3\frac{3}{5} = 5 \times \frac{\overset{1}{\cancel{9}}}{4} \times \frac{5}{\underset{2}{\cancel{18}}}$

$\qquad\qquad = \frac{25}{8} = 3\frac{1}{8}(m^2)$

➡ (㉠+㉡+㉢의 최솟값)
$\quad = 3+8+1=12$

19 $4 \div \frac{1}{\square} < \overset{5}{\cancel{15}} \times \frac{7}{\underset{1}{\cancel{3}}} = 35$, $4 \times \square < 35$

$\square < 35 \div 4$에서 $\square$ 안에 들어갈 수 있는 1보다 큰 자연수는 2, 3, 4, 5, 6, 7, 8로 7개입니다.

20 가장 큰 대분수 : $8\frac{2}{5}$, 가장 작은 대분수 : $2\frac{5}{8}$

$8\frac{2}{5} \div 2\frac{5}{8} = \frac{42}{5} \div \frac{21}{8} = \frac{42}{5} \times \frac{8}{21}$

$\qquad\qquad = \frac{16}{5} = 3\frac{1}{5}$

➡ (㉠+㉡+㉢의 최솟값)$=3+5+1=9$

21 $\frac{1}{3} \div \frac{\square}{36} = \frac{1}{3} \times \frac{36}{\square} = \frac{12}{\square}$에서 $\frac{12}{\square}$가 자연수가

되기 위해서는 $\square$가 12의 약수이어야 합니다.
따라서 $\square$ 안에 들어갈 수 있는 자연수는 1, 2, 3, 4, 6, 12로 모두 6개입니다.

22 눈금 한 칸의 크기는

$\left(\frac{1}{4} - \frac{1}{5}\right) \div 4 = \frac{1}{80}$이므로

$㉠ = \frac{1}{5} + \frac{1}{80} = \frac{17}{80}$, $㉡ = \frac{17}{80} + \frac{1}{80} = \frac{18}{80}$

$㉢ = \frac{18}{80} + \frac{1}{80} = \frac{19}{80}$입니다.

$(㉠+㉡) \div ㉢ = \left(\frac{17}{80} + \frac{18}{80}\right) \div \frac{19}{80}$

$\qquad\qquad = \frac{35}{80} \div \frac{19}{80} = 1\frac{16}{19}$

➡ (★+■+▲의 최솟값)$=1+19+16=36$

23 $\frac{\triangle}{\square} = \triangle \div \square$임을 이용하면

$\dfrac{1}{4 - \dfrac{1}{4}} = 1 \div \left(4 - \frac{1}{4}\right) = \frac{4}{15}$입니다.

(주어진 식)$= 1 \div \left(4 - \dfrac{1}{4 - \dfrac{1}{4}}\right)$

$\qquad\qquad = 1 \div \left(4 - \frac{4}{15}\right) = \frac{15}{56}$

따라서 ㉠$+$㉡$=56+15=71$입니다.

24

㉮역과 ㉯역 사이의 거리를 $\square$ km라 하면

1시간에 A열차는 $\square \div 2 = \square \times \frac{1}{2}(km)$,

B열차는 $\square \div 2\frac{1}{2} = \square \times \frac{2}{5}(km)$를 갑니다.

따라서 ㉮역과 ㉯역 사이의 거리는
$(15 \times 2) \times 5 = 150(km)$입니다.

25 몫이 4이고 분자끼리의 합이 20이므로

●$=20 \div (4+1)=4$이고

■$=20-4=16$입니다.

$\frac{16}{★}$의 가장 큰 값은 분모가 16보다 큰 수 중

가장 작은 수가 되어야 하므로 ★$=17$입니다.

따라서 가장 큰 $\frac{■}{★}$는 $\frac{16}{17}$이므로

㉠$+$㉡$=17+16=33$입니다.

26 $5 \div \frac{▲}{18} = ■$에서 $5 \times \frac{18}{▲} = \frac{90}{▲} = ■$이므로

▲에 들어갈 수 있는 자연수는 90의 약수 중 18보다 작은 수입니다.

$(▲, ■) = (1, 90), (2, 45), (3, 30), (5, 18),$
$\qquad\qquad (6, 15), (9, 10), (10, 9), (15, 6)$

➡ 8쌍

27 문제의 내용을 선분으로 나타내면 다음과 같습니다.

㉯의 $\frac{5}{8}$ 가 30이므로

㉯$=30÷\frac{5}{8}=30×\frac{8}{5}=48$입니다.

㉮$=48-30=18$이므로

㉮$+$㉯$=18+48=66$입니다.

28

$$\overset{+1}{\longrightarrow}\ \overset{+3}{\longrightarrow}\ \overset{+5}{\longrightarrow}\ \overset{+7}{\longrightarrow}\ \overset{+9}{\longrightarrow}\ \overset{+11}{\longrightarrow}$$

$\frac{4}{60},\ \frac{5}{60},\ \frac{8}{60},\ \frac{13}{60},\ \frac{20}{60},\ \frac{29}{60},\ \frac{40}{60}$

㉮$=\frac{13}{60}$, ㉯$=\frac{29}{60}$이므로

$\frac{29}{60}÷\frac{13}{60}×26=58$입니다.

29 처음 속도를 1로 하면 나중 속도는 $\frac{3}{4}$입니다.

$\frac{3}{4}×2=\frac{3}{2}$이고, 처음과 나중의 속도의 차는

$1-\frac{3}{4}=\frac{1}{4}$이므로 $36-36×\frac{1}{3}=24$(km)를

처음 속도대로 갈 때 걸리는 시간은

$\frac{3}{2}÷\frac{1}{4}=6$(시간)입니다.

따라서 한 시간에 $24÷6=4$(km)씩 간 것입니다.

별해 처음 속도를 □ km라 하면 처음 속도를 $\frac{1}{4}$

만큼 줄인 속도는 $\left(\frac{3}{4}×□\right)$ km입니다.

$\dfrac{24}{\frac{3}{4}×□}-\dfrac{24}{□}=2$에서

$\dfrac{24×\frac{4}{3}}{\frac{3}{4}×□×\frac{4}{3}}-\dfrac{24}{□}=\dfrac{32}{□}-\dfrac{24}{□}=2$

이므로 $\frac{8}{□}=2$, □$=4$(km)입니다.

30 두 막대의 물에 잠긴 부분을 1이라고 보면,

긴 막대의 길이는 $\frac{4}{3}$, 짧은 막대의 길이는 $\frac{6}{5}$

이라고 할 수 있습니다.

따라서 두 막대의 길이의 차는

$\frac{4}{3}-\frac{6}{5}=\frac{2}{15}$이고

이것에 해당되는 길이가 16 cm이므로

(수영장의 깊이)$=16÷\frac{2}{15}=120$(cm)

입니다.

❷ 소수의 나눗셈 18~27쪽

01 ③		**02** 7		**03** 3	
04 ③		**05** 3		**06** 34	
07 15		**08** 20		**09** 360	
10 5		**11** 67		**12** ④	
13 157		**14** 13		**15** 2	
16 72		**17** 10		**18** 9	
19 140		**20** 128		**21** 8	
22 91		**23** 34		**24** 6	
25 234		**26** 347		**27** 172	
28 25		**29** 156		**30** 2	

01 $19.2÷3.2=\frac{192}{10}÷\frac{32}{10}=192÷32$

$\qquad\qquad =\frac{192}{100}÷\frac{32}{100}=1.92÷0.32$

02 4.9에서 0.7을 7번 덜어낼 수 있으므로
$4.9÷0.7=7$입니다.

03 $1.8÷0.6=18÷6=3$(배)

04 ① 6　② 3　③ 9　④ 5　⑤ 8
➡ ③>⑤>①>④>②

05 $13.75÷4.2=3.27\cdots$ ➡ 3.3

06 $28.6÷8.3=3.44\cdots$
따라서 복도의 길이는 교실 하나의 길이의
약 3.4배입니다.
➡ ㉮$×10=3.4×10=34$

07 $\square \times 3.24 = 48.6 \Rightarrow \square = 48.6 \div 3.24 = 15$

08 어떤 수를 $\square$라고 하면
$\square \times 2.4 = 828$, $\square = 828 \div 2.4 = 345$입니다.
따라서 어떤 수가 345이므로 바르게 계산하면
$345 \div 2.4 = 143.75$입니다.
$\Rightarrow$ (각 자리의 숫자의 합) $= 1 + 4 + 3 + 7 + 5$
$= 20$

09 $3.2 \times$ (다른 대각선) $\div 2 = 5.76$
(다른 대각선) $= 5.76 \times 2 \div 3.2$
$= 11.52 \div 3.2 = 3.6$ (m)
$\Rightarrow 3.6$ m $= 360$ cm

10 $5 \div 0.11 = 45.4545 \cdots$이므로 소수 홀수 번째
자리에 해당하는 숫자는 4이고 짝수 번째 자리
에 해당하는 숫자는 5입니다.
따라서 소수 124번째 자리에 해당하는 숫자는
5입니다.

11 5.4 m $= 540$ cm
$540 \div 8 = 67 \cdots 4$에서 67개까지 만들 수 있습니다.

12 계산 결과가 나누어지는 수보다 크려면 나누는
수가 1보다 작아야 합니다.
㉠ $6 \div 2 = 3$, $6 \div 1 = 6$, $6 \div 0.6 = 10$
나누는 수가 1보다 크면 몫은 나누는 수보
다 작고 나누는 수가 1이면 몫은 나누는 수
와 같습니다.

13 2 t $= 2000$ kg이므로
$2000 \div 12.7 = 157.4 \cdots$입니다.
따라서 이 트럭에 무게가 12.7 kg인 상자를
157개까지 실을 수 있습니다.

14 (금귀걸이 한 개의 무게) $= 57.9 \div 3 = 19.3$ (g)
(은귀걸이 한 개의 무게) $= 21 \div 2 = 10.5$ (g)
$19.3 \div 10.5 = 1.838 \cdots$
따라서 금귀걸이 한 개의 무게는 은귀걸이 한
개의 무게의 약 1.84배입니다.
$\Rightarrow 1 + 8 + 4 = 13$

15 반올림하여 0.86이 되는 수의 범위는
0.855 이상 0.865 미만입니다.

$0.855 \times 3.5 = 2.9925$, $0.865 \times 3.5 = 3.0275$
따라서 3.0$\square$8은 2.9925 이상 3.0275 미만이
므로 $\square$ 안에 들어갈 수 있는 숫자는 0, 1입니다. (2개)

16 (한별이의 우표 수)
$=$ (신영이의 우표 수) $\times 1.25$
$= \{$(용희의 우표 수) $\times 1.5\} \times 1.25 = 135$
(용희의 우표 수) $= 135 \div 1.25 \div 1.5 = 72$(장)

17 $7.4 \div 0.9 = 8 \cdots 0.2$이므로
주스를 마실 수 있는 날은 모두 8일이고
남는 주스의 양은 0.2 L입니다.
따라서 ㉠$+$㉡$\times 10 = 8 + 0.2 \times 10 = 10$입니다.

18 1시간 30분$= 1.5$시간
(초가 1시간 동안 타는 길이)
$= 1.05 \div 1.5 = 0.7$ (cm)
(초가 5시간 동안 탄 길이)
$= 0.7 \times 5 = 3.5$ (cm)
탄 초의 길이는 처음 초의 길이의
$1 - 0.35 = 0.65$입니다.
(처음 초의 길이) $= 3.5 \div 0.65 = 5.38 \cdots$
따라서 처음 초의 길이는 약 5.4 cm입니다.
$\Rightarrow 5 + 4 = 9$

19 (1분에 가는 거리) $= 0.6 \div 10 = 0.06$ (km)
따라서 두 사람은
$16.8 \div (0.06 + 0.06) = 140$ (분)
후에 만나게 됩니다.

20 $(16.4 + 18.8) \times$ (높이) $\div 2 = 225.28$,
(높이) $= 225.28 \times 2 \div (16.4 + 18.8)$
$= 12.8$ (cm)
$\Rightarrow$ ㉮ $\times 10 = 12.8 \times 10 = 128$

21 물통의 들이를 1이라 하면 다음과 같습니다.

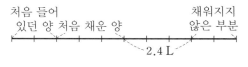

(물통의 들이) $= 2.4 \div 0.3 = 8$ (L)

22 $9.5 \div 3.8 = 2.5$이므로
$<9.5 \div 3.8> = 2 + 5 = 7$입니다.

$4.93 \div 0.58 = 8.5$이므로

$<4.93 \div 0.58> = 8 + 5 = 13$입니다.

➡ $7 \times 13 = 91$

23 $34.7 \div 4.8 = 7.2 \cdots 0.14$이므로 몫이 7.2일 때 나머지가 0.14입니다.

가장 작은 수를 더해서 나누어떨어지게 하려면 몫이 7.3이 되어야 하므로 나누어떨어지는 수는 $4.8 \times 7.3 = 35.04$가 되어야 합니다.

따라서 ㉮$= 35.04 - 34.7 = 0.34$이므로

㉮$\times 100 = 0.34 \times 100 = 34$입니다.

24 두 번째 튀어 오른 높이의 차는 처음 높이의 $0.9 \times 0.9 - 0.6 \times 0.6 = 0.45$입니다.

따라서 처음 높이의 0.45가 2.7 m이므로 처음 공을 떨어뜨린 높이는

$2.7 \div 0.45 = 6$(m)입니다.

25 소수점이 왼쪽으로 한 자리 옮겨지면 원래 수의 $\frac{1}{10}$, 왼쪽으로 두 자리 옮겨지면 원래 수의 $\frac{1}{100}$이 됩니다.

따라서 원래 수와 소수점이 왼쪽으로 두 자리 옮겨진 수와의 차는 원래 수의 $\frac{99}{100} = 0.99$가 됩니다.

바른 답을 □라 하면

$\square \times 0.99 = 23.166$

$\square = 23.166 \div 0.99 = 23.4$입니다.

➡ ㉮$\times 10 = 23.4 \times 10 = 234$

26 $(339.7 - 331) \div 14.5 = 8.7 \div 14.5 = 0.6$

따라서 $1\,^{\circ}\mathrm{C}$ 높아질 때마다 1초에 0.6 m씩 빨라지므로 $27\,^{\circ}\mathrm{C}$일 때

$331 + (27 \times 0.6) = 331 + 16.2 = 347.2$(m)를 갑니다.

따라서 반올림하여 자연수로 나타내면 347 m입니다.

27 (정사각형 ㉡의 넓이)$= 1.44 \div 0.16 = 9$(cm²)

(정사각형 ㉡의 한 변의 길이)$= 3$ cm

(정사각형 ㉠의 넓이)$= 9 \div 1.44 = 6.25$(cm²)

(정사각형 ㉠의 한 변의 길이)$= 2.5$ cm

겹쳐진 부분의 정사각형의 넓이는 1.44 cm²이

므로 한 변의 길이는 1.2 cm입니다.

따라서 도형의 둘레는

$2.5 \times 4 + 3 \times 4 - 1.2 \times 4 = 17.2$(cm)입니다.

➡ $17.2 \times 10 = 172$

28 주어진 식의 계산 결과를 ㉮라 하면

㉮$= 5 + 4 + 3.2 + 2.56 + 2.048 + \cdots$에서

$\times 0.8 \ \times 0.8 \ \times 0.8 \quad \times 0.8$

(앞의 수)$\times 0.8$의 수를 더하는 규칙입니다.

$$\begin{array}{r} ㉮ = 5 + 4 + 3.2 + 2.56 + 2.048 + \cdots \\ -)\ 0.8 \times ㉮ = \quad\ \ 4 + 3.2 + 2.56 + 2.048 + \cdots \\ \hline 0.2 \times ㉮ = 5 \end{array}$$

➡ ㉮$= 5 \div 0.2$에서 ㉮$= 25$입니다.

29 1시간 15분 $= 1.25$시간

(강물이 한 시간 동안 흐르는 거리)
$= 17 \div 1.25 = 13.6$(km)

(배가 한 시간 동안 갈 수 있는 거리)
$= 38 - 13.6 = 24.4$(km)

(배가 63.44 km를 가는 데 걸리는 시간)
$= 63.44 \div 24.4 = 2.6$(시간)$= 156$(분)

30 남학생과 여학생이 모두 0.06만큼 늘었다면 올해 전체 학생 수는 $1050 \times 1.06 = 1113$(명)입니다.

$1113 - 1058 = 55$(명)의 차이는 작년 남학생 수의 $0.04 + 0.06 = 0.1$에 해당하므로 작년 남학생 수는 $55 \div 0.1 = 550$(명)이고 작년 여학생 수는 $1050 - 550 = 500$(명)입니다.

따라서 올해 남학생 수와 여학생 수의 차는

$500 \times 1.06 - 550 \times 0.96$
$= 530 - 528 = 2$(명)입니다.

③ 공간과 입체　28~37쪽

01	④	**02**	10	**03**	2
04	9	**05**	4	**06**	③
07	4	**08**	28	**09**	7
10	3	**11**	9	**12**	17
13	8	**14**	14	**15**	30
16	24	**17**	672	**18**	③
19	12	**20**	385	**21**	17
22	53	**23**	22	**24**	432
25	3	**26**	35	**27**	54
28	287	**29**	36	**30**	66

02 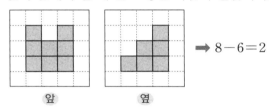 ➡ 3+2+2+1+1+1=10(개)

03 앞과 옆에서 볼 때 본 모양은 다음과 같습니다.

➡ 8-6=2

앞　　옆

04
➡ 3+2+1+1+1+1=9(개)

05 4 이상의 수에는 4층이 반드시 놓이게 됩니다.

06 보기의 쌓기나무의 개수는 8개입니다.
①, ②, ④, ⑤ 8개
③ 9개

07 ㉠=1(1층)
㉡=1(1층)+1(2층)+1(3층)=3
따라서 ㉠+㉡=1+3=4입니다.

08 첫 번째 : 1개, 두 번째 : 1+2=3(개)
세 번째 : 1+2+3=6(개), …
따라서 일곱 번째에는 쌓기나무가
1+2+3+4+5+6+7=28(개) 필요합니다.

09 예  ➡ 7개

10 각 칸에 쌓은 쌓기나무의 개수는 왼쪽과 같으므로 ㉮ 부분에 놓인 쌓기나무는 3개입니다.

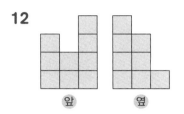

11 3층, 4층, 5층에 쌓인 쌓기나무의 개수를 구합니다.
따라서 3층 이상에 사용된 쌓기나무는 모두
5+3+1=9(개)입니다.

12

앞　　　옆

(앞에서 보았을 때 보이는 쌓기나무의 개수)
=3+2+4=9(개)
(옆에서 보았을 때 보이는 쌓기나무의 개수)
=4+3+1=8(개)
앞과 옆에서 보이는 쌓기나무의 개수의 합은
17개입니다.

13

14 앞에서 본 모양은 다음과 같습니다.

(사용한 전체 쌓기나무의 수)=31개
(앞에서 보이는 쌓기나무의 수)=17개
(앞에서 보이지 않는 쌓기나무의 수)
=31-17=14(개)

15 위, 앞, 오른쪽 옆에서 본 모양은 다음과 같습니다.

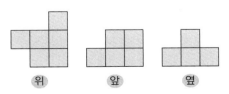

위　　　앞　　　옆

(페인트가 칠해진 면의 개수)
＝(위, 앞, 오른쪽 옆에서 보이는 면의 개수의 합)
　　×2
＝(6＋5＋4)×2＝30(개)

16 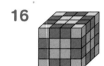 왼쪽 그림과 같이 4층에 8개
3층에 4개, 2층에 4개,
1층에 8개 있으므로
모두 24개입니다.

17 위와 아래에서 보이는 면의 개수 :
(3×3)×2＝18(개)
옆에서 보이는 면의 개수 :
(1＋2＋3)×4＝24(개)
한 변이 4 cm인 정사각형이 모두
18＋24＝42(개)이므로
보이는 모든 면의 넓이의 합은
(4×4)×42＝672(cm²)입니다.

18 ① 　②

④ 　⑤

연결큐브를 이용하여 만들 수 있는 새로운 모양은 ①, ②, ④, ⑤입니다.

19
3	2	
2	2	1
1	1	

쌓기나무는 최대
3＋2＋2＋2＋1＋1＋1＝12(개)
사용한 것입니다.

20 1＋4＋9＋16＋25＋36＋49＋64＋81＋100
＝385(개)

21
4	2	3	4
3	2	3	3
2	2	2	2
4	2	3	

(최대)

1	1	1	4
1	1	3	1
1	2	1	1
4	1	1	

(최소)

➡ 41－24＝17(개)

22 한 모서리에 쌓기나무가 4개씩 쌓여 있는 정육면체가 가장 작은 정육면체이므로
4×4×4＝64(개)의 쌓기나무가 있어야 합니다.

따라서 현재 있는 쌓기나무는
4＋2＋1＋1＋2＋1＝11(개)
이므로 필요한 쌓기나무는 64－11＝53(개)입니다.

23 한 면도 색칠이 되지 않은 쌓기나무는
1층에 4×2＝8(개), 2층에 4×2＝8(개),
3층에 2×2＝4(개), 4층에 1×2＝2(개)이므로
모두 8＋8＋4＋2＝22(개)입니다.

24 층별로 물감이 칠해진 면의 수는 다음과 같습니다.
(4＋1)＋(8＋3)＋(12＋5)＋(16＋7＋16)
＝72(개)
(전체의 면의 수)＝30×6＝180(개)
(색칠되지 않은 면의 수)＝180－72＝108(개)
(쌓기나무의 한 면의 넓이)
＝288÷72＝4(cm²)
➡ (색칠되지 않은 모든 면의 넓이의 합)
＝108×4＝432(cm²)

25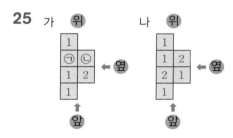

㉠＝2, ㉡＝1(또는 ㉠＝1, ㉡＝2)이므로
㉠＋㉡＝3입니다.

26
8층	7층	6층	5층	4층	3층	2층	1층
0개	0개	0개	1개	3개	6개	10개	15개

따라서 한 면도 색칠되지 않은 쌓기나무는 모두
1＋3＋6＋10＋15＝35(개)입니다.

27 예
1	1	1	1	5	
1	1	1	1	5	
1	1	1	5	1	
1	1	5	1	1	
1	5	1	1	1	
5	1	1	1	1	

따라서 쌓기나무는 최소
5×6＋1×24
＝30＋24
＝54(개)
를 사용한 것입니다.

28 첫 번째 : 1개, 두 번째 : 1×3＋2＝5(개)
세 번째 : (1＋2)×3＋3＝12(개), …
14번째 : (1＋2＋3＋…＋13)×3＋14
＝91×3＋14＝287(개)

29 왼쪽 옆에서 볼 때, 오른쪽과 같이 6개가 잘려집니다.

(옆에서 본 모양)

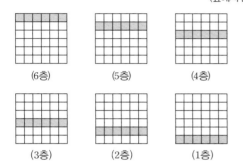

(6층)　　(5층)　　(4층)

(3층)　　(2층)　　(1층)

따라서 잘려진 쌓기나무는 모두 6×6=36(개) 입니다.

30 여섯 방향에서 본 모양을 생각해 보면 다음과 같습니다.

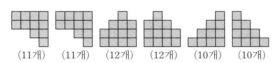

(11개)　(11개)　(12개)　(12개)　(10개)　(10개)

➡ 11+11+12+12+10+10=66(개)

❹ 비례식과 비례배분　　　38~47쪽

01 ①	**02** ⑤	**03** ①
04 27	**05** ①	**06** 22
07 12	**08** 24	**09** 37
10 96	**11** ③	**12** 12
13 800	**14** 75	**15** ④
16 5	**17** 660	**18** 12
19 500	**20** 108	**21** 3
22 20	**23** 90	**24** 125
25 160	**26** 700	**27** 15
28 36	**29** 5	**30** 800

01 $(8 \times 0) : (3 \times 0)$ ➡ 0 : 0이므로 비의 전항과 후항에 0을 곱할 수는 없습니다.

02 비의 전항과 후항에 0이 아닌 같은 수를 곱하여 비율이 같은 비를 셀 수 없이 많이 만들 수 있습니다.

04 비의 전항과 후항에 각각 분모의 최소공배수인 24를 곱하여 가장 간단한 자연수의 비로 만들 수 있습니다.
따라서 ㉠=24, ㉡=3이므로
㉠+㉡=27입니다.

05 ① 16　② 1　③ 2　④ 2　⑤ $6\frac{2}{3}$

06 ㉠×2=36에서 ㉠=18
9×㉡=36에서 ㉡=4
➡ ㉠+㉡=18+4=22

07 $\frac{1}{2} : \frac{1}{3} = \square : 8$
$\frac{1}{3} \times \square = \frac{1}{2} \times 8$
$\frac{1}{3} \times \square = 4$
$\square = 4 \times 3 = 12$

08 12000원으로 □권의 공책을 살 수 있다고 하면
3 : 1500=□ : 12000
1500×□=3×12000
□=24입니다.

09 (세로) : (가로)=4.25 : 5=17 : 20
따라서 ㉮+㉯=37입니다.

10 가로를 □ cm라 하면 4 : 5=□ : 120,
5×□=4×120, □=96입니다.

11 유승이가 마시는 음료수는
전체의 $\frac{5}{5+3} = \frac{5}{8}$ 입니다.

12 (동생이 갖는 사탕의 개수)
$= 30 \times \frac{2}{3+2} = 12(개)$

13 동생이 사용한 돈을 □원이라 하면
8000 : (4000−□)=5 : 2
(4000−□)×5=8000×2=16000
4000−□=16000÷5=3200
□=4000−3200=800(원)

14 자전거가 4.5 km 달렸을 때, 오토바이는 □ km 달렸다고 하면
3 : 8=4.5 : □, 3×□=8×4.5, □=12

따라서 오토바이는 자전거보다
$12-4.5=7.5(km)$ 앞서 있습니다.
➡ ㉠$\times 10=7.5\times 10=75$

15 동민이가 가지는 구슬 수를 □개라 하면
가영이가 가지는 구슬 수는 (□$+8$)개입니다.
□$+($□$+8)=40$, □$=16$
따라서 가영이가 가지는 구슬 수는
$16+8=24$(개)입니다.
(가영) : (동민)$=24 : 16$
$\qquad =(24\div 8) : (16\div 8)$
$\qquad =3 : 2$

16 (겹쳐진 부분의 넓이)$=$㉮$\times \dfrac{5}{8}=$㉯$\times \dfrac{5}{12}$
㉮ : ㉯$=\dfrac{5}{12} : \dfrac{5}{8}=\left(\dfrac{5}{12}\times 24\right) : \left(\dfrac{5}{8}\times 24\right)$
$\qquad =10 : 15=(10\div 5) : (15\div 5)$
$\qquad =2 : 3$
➡ ㉠$+$㉡$=2+3=5$

17 판 사과의 비율이 0.55이므로
팔지 못한 사과의 비율은 0.45입니다.
판 사과의 수를 □개라 하면
$0.55 : 0.45=$□$: 540$
$11 : 9=$□$: 540$
$9\times$□$=11\times 540$
□$=660$입니다.

18 $4500\,m=4.5\,km$이고, 40분 동안 □ km를
달릴 수 있다고 하면
$15 : 4.5=40 : $□, $15\times$□$=4.5\times 40$
$15\times$□$=180$, □$=12$입니다.

19 가로와 세로의 비는 $\dfrac{1}{4} : \dfrac{1}{5}=5 : 4$이므로
가로를 $(5\times$□$)\,cm$, 세로를 $(4\times$□$)\,cm$라 하
면 $(5\times$□$)+(4\times$□$)=90\div 2$, □$=5$입니다.
따라서 가로가 $25\,cm$, 세로가 $20\,cm$이므로
넓이는 $25\times 20=500(cm^2)$입니다.

20 (분자) : (분모)$=12 : 13$이므로
(분자)$=225\times \dfrac{12}{(12+13)}=108$입니다.

21 연못 속에 들어간 부분의 길이는 같으므로
㉮$\times \dfrac{3}{5}=$㉯$\times \dfrac{3}{7}$,
㉮ : ㉯$=\dfrac{3}{7} : \dfrac{3}{5}=5 : 7$입니다.
㉮와 ㉯의 길이의 합이 $12\,m$이므로 ㉮의 길이
는 $5\,m$이고, 물 속에 들어 간 부분은 연못의
깊이와 같으므로 연못의 깊이는
$5\times \dfrac{3}{5}=3(m)$입니다.

22 ㉮와 ㉯의 높이는 같으므로 넓이의 비는 ㉮의
밑변과 ㉯의 (윗변$+$아랫변)의 길이의 비와 같
습니다.
$2 : 5=$□$: \{35+(35-$□$)\}$
$2 : 5=$□$: (70-$□$)$
$5\times$□$=2\times(70-$□$)$
□$=20$

23 ㉮와 ㉯는 세로가 같은 직사각형이므로
넓이의 비는 가로의 비와 같습니다.
(㉮의 가로) : (㉯의 가로)
$=64 : 48=4 : 3$,
(㉮의 가로) : (㉯의 가로)
$=($㉰의 가로) : (㉱의 가로)
$=($㉰의 넓이) : (㉱의 넓이)이므로
㉱의 넓이를 □ cm^2라 하면 $4 : 3=120 : $□
$4\times$□$=3\times 120$, □$=90$입니다.

24 금액의 비가 $10 : 13$이므로 개수의 비는
$\dfrac{10}{100} : \dfrac{13}{50}=5 : 13$입니다.
따라서 100원짜리 동전은
$450\times \dfrac{5}{(5+13)}=125$(개)입니다.

25 팔기 전 사과의 개수를 $(2\times$□$)$개,
배의 개수를 $(3\times$□$)$개라고 하면
팔고 남은 사과와 배의 개수의 비는
$7 : 11=(2\times$□$-22) : (3\times$□$-30)$
$11\times(2\times$□$-22)=7\times(3\times$□$-30)$
$22\times$□$-242=21\times$□-210, □$=32$
따라서 처음에 있던 사과의 개수는
$2\times 32=64$(개), 배의 개수는 $3\times 32=96$(개)

이므로 사과와 배의 개수의 합은 160개입니다.

26 (사과의 개수)$=40\times\dfrac{3}{3+2}=24$(개)

(귤의 개수)$=40-24=16$(개)

사과 한 개의 값을 $9\times\square$원이라 하면 귤 한 개의 값은 $2\times\square$원이므로

$24\times(9\times\square)+16\times(2\times\square)=24800$

$248\times\square=24800$에서 $\square=100$입니다.

따라서 사과 한 개와 귤 한 개의 가격의 차는

$9\times100-2\times100=700$(원)입니다.

27 ㉮, ㉯ 반의 학생 수를 각각 ㉠, ㉡이라 하면

㉠$\times(73.4-72)=$㉡$\times(75-73.4)$에서

㉠$\times1.4=$㉡$\times1.6$입니다.

㉠ : ㉡$=1.6:1.4=8:7$이므로

▲$+$■$=8+7=15$입니다.

28 가 승용차가 49분 동안 가는 거리를 나 승용차는 $49-14=35$(분) 만에 가므로 두 승용차가 같은 거리를 달릴 때, 걸리는 시간의 비는

$49:35=7:5$입니다.

나 승용차가 90분 동안 가는 거리를 가 승용차는 $90\times\dfrac{7}{5}=126$(분) 동안 가게 되므로 가 승용차는 나 승용차보다 $126-90=36$(분) 늦게 도착하였습니다.

29 (주황색)$+$(빨간색)

$=80°\times\dfrac{13}{8}=130°$

(파란색)$+$(노란색)

$=360°-(80°+130°)=150°$이고,

(파란색) : (노란색)$=1:2$이므로

(노란색)$=150°\times\dfrac{2}{1+2}=100°$

따라서 노란색 구슬을 띠그래프로 나타내면

$18\times\dfrac{100°}{360°}=5$(cm)입니다.

30 • ㉯ 물감을 1100 g 섞을 때 필요한 ㉮ 물감의 양

$\left(\square\times\dfrac{3}{10}+1100\times\dfrac{9}{10}\right)$

$:\left(\square\times\dfrac{7}{10}+1100\times\dfrac{1}{10}\right)$

$=3:1$

$\square\times3+9900=\square\times21+3300$

$\square=366\dfrac{2}{3}$(g)

그런데 ㉮ 물감은 200 g 밖에 없으므로 이 방법은 해당 없습니다.

그러므로 ㉮ 물감을 최대 200 g을 섞는 방법으로 해결합니다.

• ㉮ 물감을 200 g 섞을 때 필요한 ㉯ 물감의 양

$\left(200\times\dfrac{3}{10}+\square\times\dfrac{9}{10}\right)$

$:\left(200\times\dfrac{7}{10}+\square\times\dfrac{1}{10}\right)$

$=3:1$

$600+\square\times9=4200+\square\times3,\ \square=600$

따라서 $200+600=800$(g)의 물감을 만들 수 있습니다.

KMA 실전 모의고사

① 회   48~57쪽

01	10	**02**	8	**03**	64
04	53	**05**	②	**06**	54
07	11	**08**	9	**09**	③
10	⑤	**11**	1	**12**	50
13	7	**14**	2	**15**	96
16	9	**17**	13	**18**	26
19	48	**20**	471	**21**	120
22	5	**23**	378	**24**	40
25	42	**26**	80	**27**	8
28	66	**29**	120	**30**	250

01 $3\frac{1}{8} \div \frac{5}{16} = \frac{\overset{5}{\cancel{25}}}{\underset{1}{\cancel{8}}} \times \frac{\overset{2}{\cancel{16}}}{\underset{1}{\cancel{5}}} = 10$

02 $8\frac{4}{5} \div 1\frac{1}{10} = \frac{\overset{4}{\cancel{44}}}{\underset{1}{\cancel{5}}} \times \frac{\overset{2}{\cancel{10}}}{\underset{1}{\cancel{11}}} = 8(km)$

03 어떤 수를 □라고 하면

$\square \times \frac{3}{4} = 36$, $\square = 36 \div \frac{3}{4} = 48$입니다.

따라서 바르게 계산하면 $48 \div \frac{3}{4} = 64$입니다.

04 소수의 나눗셈에서는 나누는 수와 나누어지는 수를 똑같이 10배씩 하여 자연수의 나눗셈으로 계산해도 몫이 같습니다.

따라서 ㉠=10, ㉡=10, ㉢=33이므로
㉠+㉡+㉢=10+10+33=53입니다.

05 나누는 수가 나누어지는 수보다 작으면 몫이 1보다 큽니다.

06 2400÷44.15=54.36 …이므로 54개까지 실을 수 있습니다.

07 1층 : 6개, 2층 : 3개, 3층 : 2개
➡ 6+3+2=11(개)

08

1	4
1	3

➡ 1+1+4+3=9(개)

10 ① 5 : 3   ② 7 : 2   ③ 20 : 3
④ 7 : 1   ⑤ 4 : 3

11 $\square \times 0.3 = 1.5 \times \frac{1}{5}$

$\square \times 0.3 = 1.5 \times 0.2$

$\square \times 0.3 = 0.3$

$\square = 1$

12 120÷2.4=50이므로 ㉡=50입니다.

13 $\blacktriangle = \frac{9}{11} \div \frac{3}{11} = 3$, $\blacksquare = \frac{8}{9} \div \frac{2}{3} = 1\frac{1}{3}$

$\blacktriangle \div \blacksquare = 3 \div 1\frac{1}{3} = 3 \div \frac{4}{3} = 3 \times \frac{3}{4}$

$\qquad = \frac{9}{4} = 2\frac{1}{4}$

➡ 2+4+1=7

14 $1\frac{4}{21} \div 1\frac{2}{3} = \frac{25}{21} \div \frac{5}{3} = \frac{\overset{5}{\cancel{25}}}{\underset{7}{\cancel{21}}} \times \frac{\overset{1}{\cancel{3}}}{\underset{1}{\cancel{5}}} = \frac{5}{7}$

$\frac{24}{91} \div \frac{8}{39} = \frac{\overset{3}{\cancel{24}}}{\underset{7}{\cancel{91}}} \times \frac{\overset{3}{\cancel{39}}}{\underset{1}{\cancel{8}}} = \frac{9}{7}$

$\frac{5}{7} < \frac{\square}{7} < \frac{9}{7}$를 만족하는 □ 안의 수는 6, 7, 8이고, 가장 큰 수와 가장 작은 수의 차는 8-6=2입니다.

15 (주어진 식)$= \left(12.8 - \frac{96}{10} \div \frac{24}{5} \times \frac{8}{5}\right) \times 10$

$= \left(12.8 - \frac{\overset{4}{\cancel{96}}}{\underset{2}{\cancel{10}}} \times \frac{\overset{1}{\cancel{5}}}{\underset{1}{\cancel{24}}} \times \frac{8}{5}\right) \times 10$

$= \left(12.8 - \frac{32}{10}\right) \times 10$

$= (12.8 - 3.2) \times 10$

$= 9.6 \times 10 = 96$

16 직사각형 1개를 만드는 데
$(0.7+0.6) \times 2 = 2.6(m)$의 철사가 필요합니다.
25÷2.6=9…1.6이므로 직사각형을 9개 만들면 1.6 m가 남습니다.

17

3	2	
2	2	1
	1	1
		1

➡ 13개

18

3	1	1
1	1	1
1	1	2

3	1	2
1	1	1
2	1	2

〈최소〉　　〈최대〉

➡ 12개　　➡ 14개

따라서 $12+14=26$(개)입니다.

19 (높이) : (밑변의 길이)$=3:2$

$3:2=12:\square$ ➡ $24=3\times\square$, $\square=8$

밑변의 길이는 8 cm입니다.

(삼각형의 넓이)$=8\times12\div2=48(\text{cm}^2)$

20 여학생 수를 $\square$라 하면

$270:\square=9:8$, $\square=240$(명)이고

줄어든 후 남학생 수는 $270\times\dfrac{90}{100}=243$(명)

줄어든 후 여학생 수는 $240\times\dfrac{95}{100}=228$(명)

입니다.

➡ $243+228=471$(명)

21 30장을 사용하기 전 : $6+30=36$(장)

영철이에게 주기 전 : $36\div\dfrac{2}{5}=90$(장)

수경이에게 주기 전 : $90\div\dfrac{3}{4}=120$(장)

처음에 가지고 있던 색종이는 120장입니다.

22 • 나누는 수가 1.3일 때

$1.3\times60=78$이므로 나누어지는 수

$\square\square.\square$는 78보다 큰 수입니다.

➡ 79.5, 95.7, 97.5(3개)

• 나누는 수가 1.5일 때 $1.5\times60=90$이므로

나누어지는 수 $\square\square.\square$는 90보다 큰 수입니다.

➡ 93.7, 97.3(2개)

• 나누는 수가 1.7일 때 $1.7\times60=102$이므로

조건에 맞는 나누어지는 수는 없습니다.

따라서 나눗셈 식은 모두 $3+2=5$(개)를 만들

수 있습니다.

23 쌓기나무를 1층에 7개, 2층에 3개를 쌓아 만든

입체도형의 겉넓이가 최대가 되려면 2층에 있

는 3개는 서로 떨어져 있어야 합니다.

• (밑넓이)$=3\times3\times7=63(\text{cm}^2)$

• (1층 옆넓이)$=3\times3\times16=144(\text{cm}^2)$

• (2층 옆넓이)$=3\times3\times12=108(\text{cm}^2)$

따라서 입체도형의 최대 겉넓이는

$63\times2+144+108=378(\text{cm}^2)$입니다.

24 ㉮ 톱니바퀴와 ㉯ 톱니바퀴의 회전 수의 비는

$75:60=5:4$입니다.

$5:4=50:\square$, $\square\times5=4\times50$, $\square=40$

㉯ 톱니바퀴는 40바퀴 돕니다.

25 $\left(\text{쌀을 } 1\dfrac{9}{20}\text{ kg씩 받은 사람의 수}\right)$

$=\left\{62\dfrac{1}{5}-(1.5\times15)-\dfrac{11}{20}\right\}\div1\dfrac{9}{20}$

$=(62.2-22.5-0.55)\div1.45$

$=39.15\div1.45=27$(명)

따라서 쌀을 받은 사람은 모두

$15+27=42$(명)입니다.

26 땅 위에 있는 부분의 길이가 같으므로 땅 위에

있는 부분을 1이라고 하면,

(짧은 말뚝의 길이)$=1\div\left(1-\dfrac{3}{5}\right)=\dfrac{5}{2}$

(긴 말뚝의 길이)$=1\div\left(1-\dfrac{2}{3}\right)=3$

즉, 40 cm의 비율이 $3-\dfrac{5}{2}=\dfrac{1}{2}$이므로

$40\div\dfrac{1}{2}=80(\text{cm})$입니다.

27 1.36에 어떤 자연수를 곱하였을 때 바른 답을

$\square$라 하면 소수점을 찍지 않은 잘못된 답은

$100\times\square$입니다.

$100\times\square-\square=1077.12$, $99\times\square=1077.12$

$\square=1077.12\div99=10.88$

$1.36\times(\text{어떤 자연수})=10.88$이므로 어떤 자연

수는 $10.88\div1.36=8$입니다.

28

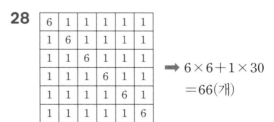

6	1	1	1	1	1
1	6	1	1	1	1
1	1	6	1	1	1
1	1	1	6	1	1
1	1	1	1	6	1
1	1	1	1	1	6

➡ $6\times6+1\times30$
$=66$(개)

29 ㉠$=$나$\times\dfrac{1}{6}$, ㉡$=$다$\times0.4$

㉠과 ㉡의 넓이가 같으므로

나 $\times \dfrac{1}{6} =$ 다 $\times 0.4$, 나 $=$ 다 $\times 0.4 \div \dfrac{1}{6}$

나 $=$ 다 $\times \dfrac{4}{10} \times 6 =$ 다 $\times \dfrac{12}{5}$

따라서 나의 넓이는 $50 \times \dfrac{12}{5} = 120(\text{cm}^2)$
입니다.

30 점 A에서 받침대 ㉮까지의 거리를 □ cm라
하면

$\left(□ \times \dfrac{8}{10} - 10 \right) \times \dfrac{8}{10} = □ - 88 - 10$

$□ \times \dfrac{64}{100} - 8 = □ - 98$

$\dfrac{36}{100} \times □ = 90$, $□ = 90 \div \dfrac{36}{100}$,

$□ = 90 \times \dfrac{100}{36}$

$□ = 250$

❷ 회   58~67쪽

01 ④	**02** ③	**03** 26
04 ⑤	**05** 28	**06** 4
07 ④	**08** ②	**09** 64
10 10	**11** 450	**12** 14
13 32	**14** 6	**15** 6
16 3	**17** 11	**18** 92
19 200	**20** 300	**21** 335
22 5	**23** 120	**24** 221
25 3	**26** 224	**27** 7
28 8	**29** 6	**30** 231

01 나눗셈에서 나누는 수가 1보다 작을 경우 몫이
나누어지는 수보다 커집니다.

02 ㉠ $\dfrac{3}{8} \div \dfrac{6}{7} = \dfrac{3}{8} \times \dfrac{7}{6} = \dfrac{7}{16}$

㉡ $1\dfrac{3}{5} \div 1\dfrac{1}{3} = \dfrac{8}{5} \times \dfrac{3}{4} = 1\dfrac{1}{5}$

㉢ $\dfrac{5}{6} \div 15 = \dfrac{5}{6} \times \dfrac{1}{15} = \dfrac{1}{18}$

몫이 가장 큰 것부터 차례로 나열하면 ㉡, ㉠,
㉢입니다.

03 어떤 수를 □라 하면, $□ \times 3\dfrac{3}{5} = 13\dfrac{1}{2}$

➡ $□ = 13\dfrac{1}{2} \div 3\dfrac{3}{5} = 3\dfrac{3}{4}$

따라서 바르게 계산하면

$3\dfrac{3}{4} \div 3\dfrac{3}{5} = \dfrac{15}{4} \times \dfrac{5}{18} = \dfrac{25}{24} = 1\dfrac{1}{24}$ 입니다.

➡ ㉠+㉡+㉢ $= 1 + 24 + 1 = 26$

04 나누는 수가 나누어지는 수보다 큰 경우 몫이
1보다 작습니다.

05 $2.25 \div 0.08 = 28 \cdots 0.01$
따라서 고리를 28개 만들 수 있습니다.

06 $29.85 \div 3.3 = 9.04545\cdots$
소수 둘째 자리 숫자부터 4, 5가 되풀이됩니다.
소수점 아래 짝수 번째의 숫자는 4이므로 소수
열째 자리 숫자는 4입니다.

08 ①, ④는 쌓기나무가 1개 부족합니다.
③은 3개짜리 쌓기나무 조각이 나누어져 있습
니다.
⑤는 4개짜리 쌓기나무 조각의 모양이 다릅니다.

09 한 층씩 아래로 내려갈수록 쌓기나무의 가로줄
과 세로줄이 한 줄씩 늘어납니다.
9층 : 1개
8층 : $2 \times 2 = 4$(개)
7층 : $3 \times 3 = 9$(개)
⋮   ⋮
2층 : $8 \times 8 = 64$(개)

10 $1\dfrac{1}{2} \times □ = 2.5 \times 6$

$□ = 15 \div 1\dfrac{1}{2} = 10$

11 넣어야 할 쌀의 무게를 □라 하여 비례식을 이
용하면 다음과 같습니다.
$5 : 2 = □ : 180$
$2 \times □ = 900$, $□ = 450(\text{g})$
따라서 쌀은 450 g 넣어야 합니다.

12 사탕 수의 합은 $50 + 31 = 81$(개)이므로
철수가 영희에게 사탕을 주고 남은 것은
$81 \times \dfrac{4}{9} = 36$(개)입니다.

따라서 철수는 영희에게 $50-36=14$(개)를 주었습니다.

13 (높이)$=2\dfrac{3}{5}\times2\div1\dfrac{5}{8}=\dfrac{16}{5}$(m)

➡ $\dfrac{16}{5}\times10=32$

14 $\dfrac{35}{36}\div1.75=\dfrac{35}{36}\div\dfrac{175}{100}=\dfrac{35}{36}\div\dfrac{7}{4}$

$=\dfrac{\overset{5}{\cancel{35}}}{\underset{9}{\cancel{36}}}\times\dfrac{\overset{1}{\cancel{4}}}{\cancel{7}_{1}}=\dfrac{5}{9}$

$1.3\div\dfrac{9}{10}=\dfrac{13}{\cancel{10}_{1}}\times\dfrac{\overset{1}{\cancel{10}}}{9}=\dfrac{13}{9}$

따라서 $\dfrac{5}{9}<\dfrac{\square}{9}<\dfrac{13}{9}$에서 □ 안에 들어갈 수 있는 자연수는 6, 7, 8, 9, 10, 11, 12이므로 가장 큰 수와 가장 작은 수의 차는 $12-6=6$입니다.

15 $31.4\div2.7=11.629629\cdots$이므로 6, 2, 9가 반복됨을 알 수 있습니다.
$55\div3=18\cdots1$이므로 소수점 아래 55번째 자리의 숫자는 6입니다.

16 $145.2\div6.24=23.269\cdots$이므로 반올림하여 소수 첫째 자리까지 나타내면 23.3입니다.

17

	3	2	
2	2	1	
		1	

➡ $3+2+2+2+1+1=11$(개)

18

8층	7층	6층	5층	4층	3층	2층	1층
1	4	7	10	13	16	19	22

따라서 $(1+22)\times8\div2=92$(개)입니다.

19 (처음 A 음료수의 양)$=(4\times\square)$ mL
(처음 B 음료수의 양)$=(3\times\square)$ mL라고 하면,
$(4\times\square-200):(3\times\square-200)=3:2$,
$8\times\square-400=9\times\square-600$, $\square=200$
따라서 처음 두 음료수의 양은
A$=800$ mL, B$=600$ mL이고,
A$-$B$=200$ mL입니다.

20 지원한 사람의 수를 □라 하면
$5:1=\square:60$에서 $\square=5\times60=300$(명)입니다.

21 직선 가와 나가 평행하므로
㉮의 높이와 ㉯의 높이는 같고,
㉮의 넓이는 ㉯의 넓이의 $\dfrac{3}{4}$배이므로

$4\dfrac{1}{5}=\left(2\dfrac{1}{4}+㉠\right)\times\dfrac{3}{4}$

$㉠=4\dfrac{1}{5}\div\dfrac{3}{4}-2\dfrac{1}{4}=\dfrac{21}{5}\times\dfrac{4}{3}-2\dfrac{1}{4}$

$=5\dfrac{3}{5}-2\dfrac{1}{4}=3\dfrac{7}{20}$(cm)

➡ $3\dfrac{7}{20}\times100=335$

22 (담장 1 m^2를 칠하는데 필요한 페인트의 양)
$=1.68\div3.5=0.48$(L)
가로가 11.3 m, 세로가 2.5 m인 담장의 넓이는
$11.3\times2.5=28.25(m^2)$이므로
필요한 페인트의 양은
$28.25\times0.48=13.56$(L)입니다.
따라서 필요한 페인트 통의 개수는
$13.56\div3.2=4.2375$이므로
적어도 5통을 사야 합니다.

23 사용한 쌓기나무 7개의 겉넓이의 총합은
$2\times2\times6\times7=168(cm^2)$입니다.
이때 면끼리 붙어 있는 곳은 모두 6군데이므로
$168-(2\times2\times6\times2)=120(cm^2)$입니다.

24 ㉮ : ㉯$=5:8$ ➡ $5\times㉯=8\times㉮$
㉯$-34=(㉮-34)\times2$ ➡ $㉯=2\times㉮-34$
$5\times(2\times㉮-34)=8\times㉮$,
$10\times㉮-170=8\times㉮$, $2\times㉮=170$, $㉮=85$
㉯$=2\times85-34=136$
따라서 ㉮$+㉯=85+136=221$입니다.

25 작은 정육면체들의 겉넓이의 총합은 작은 정육면체의 한 면의 넓이의 $6\times27=162$(배)입니다.
처음 정육면체의 겉넓이는 작은 정육면체의 한 면의 넓이의 $3\times3\times6=54$(배)입니다.
➡ $162\div54=3$(배)

26 전체 학생 수를 □라 하면 남학생 수는
$\square\times\dfrac{5}{8}+21$, 여학생 수는 $\square\times\dfrac{3}{8}-21$

입니다.

$$\left(\square \times \frac{3}{8}\right) - 21 = \left(\square \times \frac{5}{8} + 21\right) \times \frac{2}{7} + 17$$

$$\square \times \frac{3}{8} - 21 = \square \times \frac{10}{56} + 23$$

$$\square \times \frac{3}{8} - \square \times \frac{10}{56} = 23 + 21$$

$$\square \times \frac{11}{56} = 44, \ \square = 44 \div \frac{11}{56}$$

$$\square = 44 \times \frac{56}{11} = 224(명)$$

27 $A \div B = C \cdots D$에서 $D = A - B \times C$이므로
$\langle A, B, C \rangle = A - B \times C$입니다.
$\langle 58.5, 8.3, \square \rangle = 58.5 - 8.3 \times \square$
$\langle 25.38, 6.12, 4 \rangle = 25.38 - 6.12 \times 4$
$\qquad\qquad\qquad\qquad = 0.9$
$\langle 114.27, 10.27, 11 \rangle$
$= 114.27 - 10.27 \times 11$
$= 1.3$이므로
$58.5 - 8.3 \times \square = 0.4$입니다.
따라서 $\square = 7$입니다.

28

	한 면도 색칠되지 않은 정육면체의 개수	한 면만 색칠된 정육면체의 개수
2번 자를 때	$1 \times 1 \times 1 = 1$(개)	$1 \times 1 \times 6 = 6$(개)
3번 자를 때	$2 \times 2 \times 2 = 8$(개)	$2 \times 2 \times 6 = 24$(개)
⋮	⋮	⋮
7번 자를 때	$6 \times 6 \times 6 = 216$(개)	$6 \times 6 \times 6 = 216$(개)
8번 자를 때	$7 \times 7 \times 7 = 343$(개)	$7 \times 7 \times 6 = 294$(개)

따라서 최소한 8번씩 자를 때부터 한 면도 색칠되지 않은 정육면체의 개수가 한 면만 색칠된 정육면체의 개수보다 많아지게 됩니다.

29 ㉮ 시계가 292분을 가는 동안
㉯ 시계는 302분을 가므로
㉮ : ㉯ = 292 : 302 = 146 : 151입니다.
㉯ 시계가 20시 − 9시 56분 = 10시간 4분
즉, 604분을 가는 동안
㉮ 시계가 가는 시간을 $\square$라고 하면
146 : 151 = $\square$: 604 ➡ $\square$ = 584(분)입니다.
따라서 ㉮ 시계가 가리키는 시각은 10시 10분에서 584분 후인 오전 7시 54분입니다.
➡ 8시 − 7시 54분 = 6분

30 다음과 같은 규칙에 따라 개수를 구할 수 있습니다.
첫 번째 : 1개
두 번째 : (1) × 2 + 1 + 3 + 1 = 7(개)
세 번째 : (1 + 5) × 2 + 1 + 3 + 5 + 3 + 1 = 25(개)
네 번째 : (1 + 5 + 13) × 2 + 1 + 3 + 5 + 7 + 5
$\qquad\qquad + 3 + 1 = 63$(개)
다섯 번째 : (1 + 5 + 13 + 25) × 2 + 1 + 3 + 5
$\qquad\qquad + 7 + 9 + 7 + 5 + 3 + 1$
$\qquad\qquad = 129$(개)
여섯 번째 : (1 + 5 + 13 + 25 + 41) × 2 + 1 + 3
$\qquad\qquad + 5 + 7 + 9 + 11 + 9 + 7 + 5 + 3 + 1$
$\qquad\qquad = 231$(개)

③회 68~77쪽

01 ③	**02** 5	**03** 16
04 9	**05** 16	**06** ③
07 11	**08** 10	**09** 41
10 6	**11** 3	**12** 12
13 60	**14** 960	**15** 390
16 530	**17** 19	**18** 29
19 5	**20** 32	**21** 80
22 7	**23** 3	**24** 63
25 7	**26** 60	**27** 523
28 36	**29** 42	**30** 26

01 ① $1\frac{1}{2}$　② 3　③ $7\frac{1}{2}$　④ 6　⑤ $1\frac{1}{9}$

02 $\dfrac{5}{8} \div \dfrac{3}{28} = \dfrac{5}{\underset{2}{8}} \times \dfrac{\overset{7}{28}}{3} = \dfrac{35}{6} = 5\frac{5}{6}$

➡ $5\frac{5}{6} > \square$에서 $\square$ 안에 들어갈 수 있는 가장 큰 자연수는 5입니다.

03 $\frac{\bigcirc}{\bigcirc} = \frac{9}{16} \div \left(\frac{3}{8} \div \frac{5}{7}\right) = \frac{9}{16} \div \frac{21}{40}$

$= \frac{\overset{3}{\cancel{9}}}{\underset{2}{\cancel{16}}} \times \frac{\overset{5}{\cancel{40}}}{\underset{7}{\cancel{21}}} = \frac{15}{14} = 1\frac{1}{14}$

➡ $\bigcirc + \bigcirc + \bigcirc = 1 + 14 + 1 = 16$

04 $3.6 \div 0.4 = 9(\text{개})$

05 (어떤 수)$= 92.16 \div 2.4 = 38.4$이므로
바르게 계산했을 때의 몫은 $38.4 \div 2.4 = 16$입
니다.

06 나누는 수가 1보다 작으면 몫이 나누어지는 수
보다 큽니다.

07 1층 : 7개, 2층 : 3개, 3층 : 1개
➡ $7 + 3 + 1 = 11(\text{개})$

08 쌓여 있는 정육면체의 개수를 위
에서 본 모양에 표시해 보면 오른
쪽과 같습니다.
따라서 $1 + 1 + 1 + 3 + 2 + 2 = 10(\text{개})$의 정육면
체를 쌓은 것입니다.

09 첫 번째 : 1개
두 번째 : $1 + 4 = 5(\text{개})$
세 번째 : $1 + 4 \times 2 = 9(\text{개})$
$\vdots$
11번째 : $1 + 4 \times 10 = 41(\text{개})$

10 비례식에서 외항의 곱과 내항의 곱이 같으므로

$\square \times 0.3 = 2.7 \times \frac{2}{3}$, $\square \times 0.3 = \frac{\overset{9}{\cancel{27}}}{10} \times \frac{2}{\underset{1}{\cancel{3}}}$

$\square \times 0.3 = \frac{18}{10}$, $\square \times 0.3 = 1.8$, $\square = 6$

11 ⓒ 비의 전항과 후항을 0이 아닌 같은 수로 나
누어도 비율이 같습니다.
ⓔ $\frac{1}{3} : \frac{1}{5}$을 가장 간단한 자연수의 비로 나타
내면 $5 : 3$입니다.

12 $4 : (7-4) = \square : 9$
$3 \times \square = 4 \times 9$, $\square = 36 \div 3 = 12(\text{km})$

13 $\left\{10\frac{1}{5} - 9.6 \div \left(3 + \frac{1}{5}\right) \times 2.4\right\} \times 20$

$= \{10.2 - 9.6 \div (3 + 0.2) \times 2.4\} \times 20$
$= (10.2 - 9.6 \div 3.2 \times 2.4) \times 20$
$= (10.2 - 7.2) \times 20$
$= 3 \times 20$
$= 60$

14 전체 학생 수를 $\square$라 하면,
축구를 좋아하는 학생 수는 $\square \times \frac{1}{2} \times \frac{3}{8} = 180$

그러므로 $\square = 180 \times \frac{16}{3} = 960(\text{명})$입니다.

15 1시간 30분 $= 1.5$시간
(큰 수도관에서 1시간 동안 나오는 물의 양)
$= 1.2 \div 1.5 = 0.8(\text{t})$
(작은 수도관에서 1시간 동안 나오는 물의 양)
$= 1.2 \div 3 = 0.4(\text{t})$
$7.8 \div (0.8 + 0.4) = 6.5(\text{시간})$
따라서 $60 \times 6.5 = 390(\text{분})$이 걸립니다.

16 (높이)$= 44.52 \times 2 \div (7.6 + 9.2)$
$= 5.3(\text{m})$ ➡ 530 cm

17 가장 작은 정육면체가 되려면 쌓기나무를 가로
3개, 세로 3개, 높이 3층이 되도록 쌓아야 합니다.
가장 작은 정육면체를 만들 때, 필요한 쌓기나
무는 27개이고 주어진 모양에 사용된 쌓기나무는
8개이므로 필요한 쌓기나무는 $27 - 8 = 19(\text{개})$입니
다.

18 한 층씩 아래로 내려갈수록 쌓기나무의 개수가
4개씩 늘어나는 규칙입니다.
8층 : 1개
7층 : $1 + 4 = 1 + (4 \times 1) = 5(\text{개})$
6층 : $1 + 4 + 4 = 1 + (4 \times 2) = 9(\text{개})$
$\vdots \qquad \vdots$
1층 : $1 + 4 + 4 + 4 + 4 + 4 + 4 + 4$
$= 1 + (4 \times 7) = 29(\text{개})$

19 정오에서 이튿날 오전 8시까지의 시간은 20시
간이고, 20시간 동안 빨라지는 시간을 $\square$분이
라 하면
$24 : 6 = 20 : \square$

$24 \times \square = 6 \times 20$

$\square = 120 \div 24$

$\square = 5$

20시간 동안 5분 빨라지므로 오전 8시 5분을 가리키게 됩니다.

20 ㉮의 넓이의 $\dfrac{2}{3}$와 ㉯의 넓이의 $\dfrac{3}{4}$은 겹쳐진 부분으로 넓이가 같으므로

$㉮ \times \dfrac{2}{3} = ㉯ \times \dfrac{3}{4}$

비례식의 성질을 거꾸로 생각하면

$㉮ : ㉯ = \dfrac{3}{4} : \dfrac{2}{3} = 9 : 8$

원 ㉮의 넓이가 36 cm^2이므로

$9 : 8 = 36 : \square$, $\square = 32(\text{cm}^2)$

21 오늘 딴 토마토는 $50 - 15\dfrac{1}{4} = 34\dfrac{3}{4}(\text{kg})$이므로

$34\dfrac{3}{4} \div 15\dfrac{1}{4} = 2\dfrac{17}{61}(배)$입니다.

따라서 $2 + 61 + 17 = 80$입니다.

22 몫을 반올림하여 1.33이 되려면 몫은 1.325와 같거나 크고 1.335보다 작아야 합니다.

$1.325 \times 7.4 = 9.805$, $1.335 \times 7.4 = 9.879$

즉, 9.8□4는 9.805와 같거나 크고 9.879보다 작아야 합니다.

따라서 □ 안에 알맞은 숫자는 1, 2, 3, 4, 5, 6, 7로 모두 7개입니다.

23

성수가 빼낼 수 있는 쌓기나무는 최대 3개입니다.

24 (㉮ 톱니바퀴의 톱니 수) : (㉯ 톱니바퀴의 톱니 수) $= 3 : 2$이므로

㉮ 톱니바퀴가 2바퀴 돌면, ㉯ 톱니바퀴는 3바퀴 돌게 됩니다.

(㉮ 톱니바퀴의 회전 수) : (㉯ 톱니바퀴의 회전 수) $= 2 : 3$이므로

$2 : 3 = 42 : \square$, $2 \times \square = 3 \times 42$

$\square = 126 \div 2 = 63(바퀴)$

25

층	사용된 쌓기나무의 개수
4층	2개
3층	8개$(2+4+2)$
2층	18개$(2+4+6+4+2)$
1층	32개$(2+4+6+8+6+4+2)$

한 층씩 내려갈 때마다 6개, 10개, 14개, …가 늘어나므로 늘어나는 개수가 4씩 커지는 규칙입니다.

따라서 $2+8+18+32+50+72+98=280$이므로 모두 7층까지 쌓을 수 있습니다.

26 • 예슬이가 처음 가지고 있던 구슬 수를 □라 하면 예슬이의 남은 구슬 수는 $\square \times \dfrac{1}{2}$입니다.

• 웅이가 처음 가지고 있던 구슬 수를 △라 하면 웅이의 남은 구슬 수는 $\left(△ + \square \times \dfrac{1}{2}\right) \times \dfrac{3}{5}$입니다.

• 한솔이가 처음 가지고 있던 구슬 수는 10개이므로

$10 + \left(△ + \square \times \dfrac{1}{2}\right) \times \dfrac{2}{5}$

$= \left(△ + \square \times \dfrac{1}{2}\right) \times \dfrac{3}{5}$입니다.

$\left(△ + \square \times \dfrac{1}{2}\right) \times \dfrac{1}{5} = 10$이므로

한솔이가 갖게 되는 구슬 수는

$10 + 10 \times 2 = 30(개)$입니다.

따라서 $\square \times \dfrac{1}{2} = 30$에서 $\square = 60(개)$입니다.

27 $A+B$, $A+C$, $B+C$, $A+D$, $B+D$, $C+D$

$\underset{+3}{} \quad \underset{+3}{} \quad \underset{+3}{} \quad \underset{+3}{} \quad \underset{+3}{}$

C와 B의 차는 3, B와 A의 차는 3, D와 C의 차는 6이므로

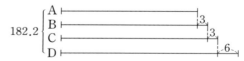

$A = \{182.2 - (3 + 6 + 12)\} \div 4 = 40.3$입니다.

$D = 40.3 + 12 = 52.3$이므로

$52.3 \times 10 = 523$입니다.

28 정면에서 볼 때 그림과 같이 6개가 잘려집니다.

〈정면에서 본 모양〉

〈층마다 잘려진 쌓기나무〉

　(5층, 6층)　　(3층, 4층)　　(1층, 2층)

따라서 잘려진 쌓기나무의 개수는 모두
$6 \times 6 = 36$(개)입니다.

29 선분 ㄱㅂ과 선분
ㅂㄷ의 길이의 비가
$2:3$이므로 보조선
ㄴㅂ을 그으면
삼각형 ㄴㄷㅂ의 넓이는

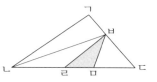

$315 \times \dfrac{3}{2+3} = 189(\text{cm}^2)$입니다.

(선분 ㄴㄹ) : (선분 ㄹㅁ) $= 2:1 = 4:2$

(선분 ㄹㅁ) : (선분 ㅁㄷ) $= 2:3$이므로

삼각형 ㄹㅁㅂ의 넓이는

$189 \times \dfrac{2}{4+2+3} = 42(\text{cm}^2)$입니다.

30 대형 1대 : 전체의 $\dfrac{1}{9}$

중형 1대 : 전체의 $\dfrac{1}{6} - \dfrac{1}{9} = \dfrac{1}{18}$

소형 1대 : 전체의 $\dfrac{1}{12} - \dfrac{1}{18} = \dfrac{1}{36}$

을 나를 수 있습니다.

따라서 필요한 소형 버스의 수는 전체를 1로 보면, 다음과 같이 구할 수 있습니다.

$\{1-(대형+중형 \times 3)\} \div (소형)$

$= \left\{1 - \left(\dfrac{1}{9} \times 1 + \dfrac{1}{18} \times 3\right)\right\} \div \dfrac{1}{36}$

$= \dfrac{13}{18} \div \dfrac{1}{36} = \dfrac{13}{\underset{1}{\cancel{18}}} \times \dfrac{\overset{2}{\cancel{36}}}{1} = 26$

따라서 소형 버스는 26대가 필요합니다.

---

01 나누는 수가 1보다 작으면 몫이 나누어지는 수보다 크게 됩니다.

나누는 수가 1보다 작은 나눗셈을 찾으면 됩니다.

02 $8\dfrac{3}{4} \div 1\dfrac{1}{4} = \dfrac{35}{4} \times \dfrac{4}{5} = 7$(개)

03 남은 쪽수는 전체의

$1 - \dfrac{1}{5} - \left(\dfrac{4}{5} \times \dfrac{3}{4}\right) = \dfrac{1}{5}$이므로

동화책의 전체 쪽수는 $67 \div \dfrac{1}{5} = 335$(쪽)입니다.

04 $3 \div 0.4 = 30 \div 4 = 7.5$

따라서 단소를 7개까지 만들 수 있습니다.

05 $10.5 \div 0.7 \times \dfrac{2}{3} = 15 \times \dfrac{2}{3} = 10$

06 (휘발유 1 L로 갈 수 있는 거리)
$= 8 \div 0.5 = 16(\text{km})$
(휘발유 47.5 L로 갈 수 있는 거리)
$= 16 \times 47.5 = 760(\text{km})$

07 가 : 9개, 나 : 10개, 다 : 8개
따라서 사용된 쌓기나무의 개수가 가장 많은 것과 가장 적은 것의 개수의 합은
$10 + 8 = 18$(개)입니다.

08 위에서 본 모양을 기준으로 필요한 쌓기나무의 개수를 나타내면 다음과 같습니다.

따라서 주어진 모양이 되도록 쌓기나무를 쌓기 위해서는 쌓기나무가 최소 8개 필요합니다.

09

	2	3
1	2	
1		

10 $2.7 : 3 = (\square + 0.2) : 8$

$3 \times (\square + 0.2) = 2.7 \times 8$

$\square + 0.2 = 21.6 \div 3$

$\square = 7.2 - 0.2 = 7$

11 (가로) : (세로) $= 4 : 3 = 8 : 6$

(세로) : (높이) $= 6 : 5$

➡ (가로) : (높이) $= 8 : 5$

$8 : 5 = 48 : \square$에서 $\square = 30$이므로

높이는 30 cm입니다.

12 8.25 L의 페인트로 넓이가 ■ m²인 벽을 칠할 수 있다고 하면

$12 : 15 = ■ : 8.25$

$15 \times ■ = 12 \times 8.25$

$15 \times ■ = 99$

$■ = 6.6$

➡ $■ \times 10 = 66$

13 $6 \div \dfrac{1}{\square} = 6 \times \square$, $20 \div \dfrac{4}{9} = 45$

$6 \times \square < 45$에서 $\square$ 안에 들어갈 수 있는 1보다 큰 자연수는 2, 3, 4, 5, 6, 7입니다.

$2 + 3 + 4 + 5 + 6 + 7 = 27$입니다.

14
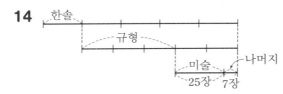

신영이가 처음에 가지고 있던 색종이는

$(25 + 7) \div \dfrac{2}{5} \div \dfrac{4}{5} = 100$(장)입니다.

15 (사다리꼴의 넓이)

$= \{($윗변$) + ($아랫변$)\} \times ($높이$) \div 2$

$133.1 = (10.9 + 13.3) \times \square \div 2 = 12.1 \times \square$

$\square = 133.1 \div 12.1 = 11$

16 어떤 수를 $\square$라 하면

$42.907 \div \square = 12.25 \cdots 0.032$

$\square \times 12.25 + 0.032 = 42.907$,

$\square = (42.907 - 0.032) \div 12.25$

$= 3.5$입니다.

➡ $\square \times 10 = 3.5 \times 10 = 35$

17 3층에 쌓은 쌓기나무 : 9개

4층에 쌓은 쌓기나무 : 7개

5층에 쌓은 쌓기나무 : 2개

➡ $9 + 7 + 2 = 18$(개)

18
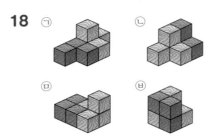

19 밑변의 길이를 $\square$ cm라 하면

$2 : \dfrac{6}{7} = 14 : \square$, $2 \times \square = \dfrac{6}{7} \times 14$,

$\square = 12 \div 2 = 6$입니다.

따라서 넓이는 $6 \times 14 \div 2 = 42 (\text{cm}^2)$입니다.

20

한초 ├─────────────────┤ ┐132개
용희 ├──────────┤ ┘12개

(한초가 가진 사탕 수)

$= (132 - 12) \div 2 = 60$(개)

(용희가 가진 사탕 수) $= 132 - 60 = 72$(개)

(용희) : (한초) $= 72 : 60$

$= (72 \div 12) : (60 \div 12)$

$= 6 : 5$

➡ $■ + ▲ = 6 + 5 = 11$

21 수직선의 작은 눈금 한 칸의 크기는

$\left(\dfrac{20}{3} - 3\dfrac{2}{5} \right) \div 7 = \dfrac{49}{15} \div 7 = \dfrac{7}{15}$입니다.

㉠ $= 3\dfrac{2}{5} + \dfrac{7}{15} \times 4 = \dfrac{51}{15} + \dfrac{28}{15} = \dfrac{79}{15}$

㉡ $= \dfrac{20}{3} + \dfrac{7}{15} \times 2 = \dfrac{100}{15} + \dfrac{14}{15} = \dfrac{114}{15}$

$\dfrac{79}{15} \div \dfrac{114}{15} = \dfrac{79}{114}$이므로 ㉠은 ㉡의 $\dfrac{79}{114}$배

입니다. ➡ $114 + 79 = 193$

22 (큰 수)=$(41.53+13.77)÷2=27.65$
(작은 수)=$41.53-27.65=13.88$
(큰 수)÷(작은 수)=$27.65÷13.88=1.99\cdots$
이므로 반올림하여 소수 첫째 자리까지 구하면
2이므로 $2×10=20$입니다.

23 $1\,kg=1000\,g$
(전체 유리판의 장수)
$=257600÷460=560$(장)
지혜는 $560×\dfrac{3}{8}=210$(장)을 갖게 됩니다.

24 정사각형 ㉮와 ㉯의 넓이의 비는
$(3×3):(5×5)=9:25$이므로
(정사각형 ㉮의 넓이)$:500=9:25$에서
(정사각형 ㉮의 넓이)$=500×9÷25$
$=180(cm^2)$

25 첫 번째 : 1개
두 번째 : 5개$(1+4×1)$
세 번째 : 13개$\{1+4×(1+2)\}$
네 번째 : 25개$\{1+4×(1+2+3)\}$
          ⋮
11번째 : 221개$\{1+4×(1+2+3+\cdots+10)\}$
따라서 221개가 필요합니다.

26 남동생과 여동생이 모두 있는 학생 수를 1이라
하면, 남동생이 있는 학생 수는 $1÷\dfrac{1}{8}=8$
여동생이 있는 학생 수는 $1÷\dfrac{1}{6}=6$이므로
남동생과 여동생이 모두 있는 학생 수는
$(300-40)÷(8+6-1)=20$(명)입니다.
따라서 여동생이 있는 학생 수는
$20×6=120$(명)입니다.

27 (14 %의 소금물 300 g에 녹아 있는 소금의 양)
$=300×0.14=42(g)$
(6 %의 소금물 150 g에 녹아 있는 소금의 양)
$=150×0.06=9(g)$
(소금 51 g이 녹아 15 %의 소금물이 되었을
때, 소금물의 양)$=51÷0.15=340(g)$
(매일 증발한 물의 양)
$=(300+150-340)÷10=11(g)$

28 ㉮에서 삼각형 ㉠과 ㉡의 높이가 같으므로 넓
이의 비가 $3:5$이면 윗변과 아랫변의 길이의
비도 $3:5$입니다.
사다리꼴의 윗변의 길이를 ($3×$▲) cm, 아랫변
의 길이를 ($5×$▲) cm라 하고, 사다리꼴 2개를
오른쪽 그림과 같
이 붙였을 때 만
들어지는 평행사
변형의 밑변의 길

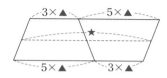

이는 $8×$▲이므로 ★의 길이도 $8×$▲입니다.
따라서 ㉯에서 ㉢과 ㉣로 자른 점선의 길이는
$4×$▲입니다.
㉢과 ㉣의 넓이의 비는
$(3×▲+4×▲):(4×▲+5×▲)$
$=7:9$이므로
㉣의 넓이는 $140÷7×9=180(cm^2)$이고
사다리꼴 ㉮의 넓이는 $140+180=320(cm^2)$
입니다.
따라서 삼각형 ㉠의 넓이는
$320×\dfrac{3}{3+5}=120(cm^2)$입니다.

29

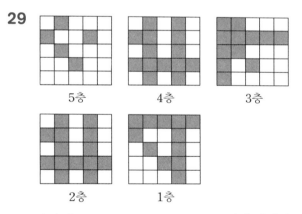

5층   4층   3층

2층   1층

따라서 $5+14+12+14+12=57$(개)입니다.

30 주어진 입체도형의
테두리 안에 쌓기나
무를 그릴 때, 가장
적게 그릴 수 있는 쌓
기나무의 개수는 8개

최소 : 8개   최대 : 11개

이고, 가장 많이 그릴 수 있는 쌓기나무의 개수
는 11개이므로 ㉠+㉡=19입니다.

1 회 88~97쪽

01	7	02	12	03	35
04	④	05	13	06	164
07	9	08	12	09	12
10	④	11	2	12	162
13	6	14	750	15	135
16	6	17	②	18	168
19	18	20	184	21	25
22	57	23	29	24	256
25	56	26	760	27	4
28	500	29	6	30	100

01 $\square \div \dfrac{5}{8} = 11\dfrac{1}{5}$

$\square = 11\dfrac{1}{5} \times \dfrac{5}{8} = \dfrac{56}{5} \times \dfrac{5}{8} = 7$

02 $15 \div 1\dfrac{1}{4} = 15 \times \dfrac{4}{5} = 12$(개)

03 가장 큰 분수 : $7\dfrac{1}{2}$, 가장 작은 분수 : $1\dfrac{2}{7}$

$7\dfrac{1}{2} \div 1\dfrac{2}{7} = 5\dfrac{5}{6}$이므로

$㉠ \times ㉡ + ㉢ = 5 \times 6 + 5 = 35$입니다.

04 나누는 수가 나누어지는 수보다 작은 경우 몫이 1보다 큽니다.

05 $\square \times 5.16 = 67.08 \Rightarrow \square = 67.08 \div 5.16 = 13$

06 $47 \div 3.25 = 14 \cdots 1.5$

$㉠ + ㉡ \times 100 = 14 + 1.5 \times 100$
$\qquad\qquad\qquad = 14 + 150 = 164$

07

	1	
2	3	2
	1	

➡ 9개

08 2층 : 6개, 3층 : 3개, 4층 : 2개, 5층 : 1개
➡ $6 + 3 + 2 + 1 = 12$(개)

09

➡ 20개

(남은 쌓기나무의 수) $= 32 - 20 = 12$(개)

10 $4 : 5$의 비율이 $\dfrac{4}{5}$이므로 비율이 $\dfrac{4}{5}$인 것을 알아봅니다.

① $\dfrac{5}{4}$ ② $\dfrac{3}{4}$ ③ $\dfrac{6}{7}$ ④ $\dfrac{8}{10} = \dfrac{4}{5}$ ⑤ $\dfrac{12}{13}$

11 비례식에서 외항의 곱과 내항의 곱은 같습니다.

$6 \times ㉡ = 60$에서 $㉡ = 60 \div 6 = 10$

$5 \times ㉠ = 60$에서 $㉠ = 60 \div 5 = 12$

➡ $㉠ - ㉡ = 12 - 10 = 2$

12 영수 : 웅이 $= 120 : 150 = 4 : 5$

전체 이익금을 $\square$만 원이라고 하면

$\square \times \dfrac{4}{9} = 72$, $\square = 162$(만 원)

13 $\dfrac{3}{4} \div \dfrac{6}{\square} = \dfrac{3}{4} \times \dfrac{\square}{6} = \dfrac{\square}{8}$

50까지의 수 중에서 8의 배수는

$50 \div 8 = 6 \cdots 2$이므로 6개입니다.

14 전체의 $\dfrac{54}{100} \times \dfrac{4}{9} = \dfrac{6}{25}$에 해당하는 학생이 축구를 좋아하는 학생으로 180명입니다.

전체 학교 학생은 모두

$180 \div \dfrac{6}{25} = 180 \div 6 \times 25 = 750$(명)입니다.

15 가 수도꼭지는 1초에 $0.34 \div 10 = 0.034$(L),
나 수도꼭지는 1초에 $1.12 \div 5 = 0.224$(L)의
물을 받을 수 있습니다.

두 수도꼭지를 동시에 틀면 1초에

$0.034 + 0.224 = 0.258$(L)의 물을 받을 수 있으므로 물통을 가득 채우는 데 걸리는 시간은

$34.83 \div 0.258 = 135$(초)입니다.

16 (가로) $= (5.3 + 0.9) \div 2 = 3.1$(cm)

(세로) $= (5.3 - 0.9) \div 2 = 2.2$(cm)

가로는 세로의 $3.1 \div 2.2 = 1.409 \cdots$

➡ 약 1.41배이므로

$㉠ + ㉡ + ㉢ = 1 + 4 + 1 = 6$입니다.

17

①
2	3
2	
1	1

②
1	1
2	
3	2

③
1	1
3	
2	2

④
2	2
3	
1	1

⑤
2	1
3	
2	2

18 쌓기나무의 한 면의 넓이는
$2 \times 2 = 4 (\mathrm{cm}^2)$입니다.
(앞에서 봤을 때 보이는 면의 수)$\times 2$
$\quad +$(옆에서 봤을 때 보이는 면의 수)$\times 2$
$\quad +$(위에서 봤을 때 보이는 면의 수)$\times 2$
$= 7 \times 2 + 8 \times 2 + 6 \times 2 = 42(개)$
따라서 넓이의 합은 $4 \times 42 = 168(\mathrm{cm}^2)$입니다.

19 각 항에 12와 16의 최소공배수인 48을 곱하면
$$\frac{\square}{12} : \frac{9}{16} = \frac{\square}{12} \times 48 : \frac{9}{16} \times 48$$
$$= (4 \times \square) : 27$$입니다.
$(4 \times \square) : 27 = 8 : 3$에서 $4 \times \square \times 3 = 27 \times 8$이
므로 $\square = 18$입니다.

20 (이번 달에 푼 문제집 쪽수의 합)
$= 350 - 22 = 328(쪽)$
이번 달에 푼 수학 문제집의 쪽수를 $23 \times \square$라
고 하면 영어 문제집의 쪽수는 $18 \times \square$이므로
$(23 \times \square) + (18 \times \square) = 328$,
$41 \times \square = 328$, $\square = 8$입니다.
따라서 이번 달에 푼 수학 문제집의 쪽수는
$23 \times 8 = 184(쪽)$입니다.

21 늘어놓은 분수들의 규칙을 찾아보면 $\square$번째 줄
의 분수의 분모는 $(\square \times \square)$부터 시작하여 1씩
커지고, 분자는 $\square$부터 1, 1, 2, 2, 3, 3, …과
같이 두 번씩 반복된 후 1씩 커지는 규칙입니다.
㉠의 분모는 $6 \times 6 + 4 = 40$이고
분자는 8이므로 ㉠$= \frac{8}{40}$입니다.
㉡의 분모는 $14 \times 14 + 4 = 200$이고
분자는 16이므로 ㉡$= \frac{16}{200}$입니다.
㉠$\div$㉡$= \frac{8}{40} \div \frac{16}{200} = \frac{8}{40} \times \frac{200}{16} = \frac{5}{2}$이므로
㉠$\div$㉡$\times 10 = \frac{5}{2} \times 10 = 25$입니다.

22 3분에 $1.8\,\mathrm{L}$의 물이 새므로 1분에
$1.8 \div 3 = 0.6(\mathrm{L})$가 샙니다.
수도꼭지 ㉮에서 1분에 나오는 물의 양은
$13 \div 5 = 2.6(\mathrm{L})$이고
수도꼭지 ㉯에서 1분에 나오는 물의 양은
$11.2 \div 3.2 = 3.5(\mathrm{L})$이므로

수조에 물을 가득 받으려면
$313.5 \div (2.6 + 3.5 - 0.6) = 57(분)$이 걸립니다.

23 맨 아래에 있는 쌓기나무를 1층이라고 하면 2
개의 면이 색칠된 것은 1층, 2층, 3층, 4층에
각각 4개씩 있으므로 $4 \times 4 = 16(개)$이고, 5층
에는 12개가 있습니다.
즉, $16 + 12 = 28(개)$입니다.
1개의 면이 색칠된 것은 1층, 2층, 3층, 4층에
각각 12개씩 있으므로 $12 \times 4 = 48(개)$이고,
5층에는 9개가 있습니다.
즉, $48 + 9 = 57(개)$입니다.
따라서 개수의 차는 $57 - 28 = 29(개)$입니다.

24 여학생의 수는 변화가 없으므로 여학생은
$268 \times \frac{30}{37 + 30} = 120(명)$입니다.
전학 오기 전의 남학생 수는
$120 \times \frac{17}{15} = 136(명)$이므로
$136 + 120 = 256(명)$입니다.

25 ㉠의 넓이의 $\frac{2}{5}$와 ㉡의 넓이의 $\frac{3}{7}$이 겹쳐진 부
분의 넓이이므로 ㉠$\times \frac{2}{5} =$ ㉡$\times \frac{3}{7}$입니다.
비례식에서 외항의 곱은 내항의 곱과 같으므로
㉠ : ㉡$= \frac{3}{7} : \frac{2}{5} = \frac{15}{35} : \frac{14}{35} = 15 : 14$
입니다.
직사각형 ㉠의 넓이가 $60\,\mathrm{cm}^2$이므로
㉠ : ㉡$= 15 : 14 = 60 :$ (㉡의 넓이)에서
(㉡의 넓이)$= \frac{14 \times 60}{15} = 56(\mathrm{cm}^2)$입니다.

26 가$\times$나$= 2\frac{3}{8}$, 다$\times$나$= \frac{1}{16}$, 라$\times$나$= 1\frac{1}{4}$
(가$\div$다)$\times$(라$\div$다)
$$= \frac{가}{다} \times \frac{라}{다} = \frac{가 \times 나}{다 \times 나} \times \frac{라 \times 나}{다 \times 나}$$
$$= \{(가 \times 나) \div (다 \times 나)\} \times \{(라 \times 나) \div (다 \times 나)\}$$
$$= \left(2\frac{3}{8} \div \frac{1}{16}\right) \times \left(1\frac{1}{4} \div \frac{1}{16}\right)$$
$$= \left(\frac{19}{8} \times 16\right) \times \left(\frac{5}{4} \times 16\right)$$
$$= 38 \times 20 = 760$$

27 세 사람의 키를 ⑦＞⑪＞⑭라 하면

⑦＋⑪＝149.3×2＝298.6(cm),

⑦＋⑭＝145.6×2＝291.2(cm),

⑪＋⑭＝142.7×2＝285.4(cm)이므로

⑦＋⑪＋⑭＝(298.6＋291.2＋285.4)÷2

＝437.6(cm)입니다.

⑦＝437.6－285.4＝152.2(cm)

⑪＝437.6－291.2＝146.4(cm)

⑭＝437.6－298.6＝139(cm)

따라서 152.2÷146.4＝1.039…

➡ 약 1.04배이므로

㉠×㉡＝1×4＝4입니다.

28 (가로) : (세로)＝3 : 2＝□ : 10에서

(가로)＝3×10÷2＝15(cm)

(세로) : (높이)＝5 : 2＝10 : □에서

(높이)＝2×10÷5＝4(cm)

따라서 직육면체의 겉넓이는

15×10×2＋10×4×2＋15×4×2

＝500(cm²)

29 실제로 만들 수 있는 면의 모양은 ㉠, ㉢, ㉣, ㉥, ㉧, ㉨의 6가지입니다.

30 사다리꼴의 높이를 □ cm라 하면

(8＋20)×□÷2＝196에서

□＝196×2÷28＝14(cm)입니다.

삼각형 ㄱㅁㄹ의 넓이와 삼각형 ㅁㄴㄷ의 넓이가 같고 밑변의 길이의 비가 8 : 20＝2 : 5이므로 높이의 비는 5 : 2입니다.

삼각형 ㅁㄴㄷ의 높이는

$14 \times \frac{2}{5+2} = 4$(cm)이므로

삼각형 ㄹㅁㄷ의 넓이는

20×14÷2－20×4÷2

＝100(cm²)입니다.

---

01 32	**02** ④	**03** 15
04 ⑤	**05** 28	**06** 166
07 ⑤	**08** 12	**09** 2
10 20	**11** 273	**12** 10
13 10	**14** 630	**15** 1
16 51	**17** 13	**18** 200
19 225	**20** 7	**21** 168
22 1	**23** 6	**24** 250
25 600	**26** 20	**27** 5
28 120	**29** 432	**30** 70

01 $8 \div \frac{1}{4} = 8 \times 4 = 32$(개)

02 ㉠ $\frac{3}{4} \div 1\frac{5}{8} = \frac{6}{13}$

㉡ $2\frac{1}{4} \div \frac{7}{8} = 2\frac{4}{7}$

㉢ $2\frac{3}{4} \div 1\frac{5}{6} = 1\frac{1}{2}$

➡ ㉡＞㉢＞㉠

03 (1시간 동안 걸은 거리)

$= 11\frac{1}{4} \div 3 = \frac{45 \div 3}{4} = \frac{15}{4}$(km)

따라서 4시간 동안 걷는 거리는

$\frac{15}{4} \times 4 = 15$(km)입니다.

04 계산한 값이 ㉠보다 크려면 ㉠에 1보다 큰 수를 곱하거나 ㉠을 1보다 작은 수로 나누어야 합니다.

05 42.588÷15.21＝2.8(배)

➡ ▲×10＝2.8×10＝28

06 몫이 가장 작으려면 가장 작은 소수 한 자리 수를 가장 큰 소수 두 자리 수로 나누어야 합니다.

13.6÷0.82＝16.58…이므로 몫을 반올림하여 소수 첫째 자리까지 나타내면 16.6입니다.

➡ ㉠×10＝16.6×10＝166

07 ⑤ 쌓기나무가 1개 부족합니다.

08 위에서 본 모양을 기준으로 필요한 쌓기나무의 개수를 나타내면 다음과 같습니다.

1	2	1	1
1	2	1	
		1	1
		1	

쌓기나무는 최소 12개 필요합니다.

09 사용된 쌓기나무의 수가 모두 11개이므로

1	3	2
	2	2
		1

따라서 ㉠ 자리에 쌓인 쌓기나무의 개수는 2개입니다.

10 $2.6 : 3\frac{3}{4} = \frac{26}{10} : \frac{15}{4}$ 이므로 가장 간단한 자연수의 비로 나타내려면 분모 10과 4의 최소공배수인 20을 곱해야 합니다.

11 자르기 전 리본의 길이를 □ cm라고 하면

$\square \times \frac{8}{8+5} = 168$, $\square = 168 \div \frac{8}{13} = 273$

따라서 자르기 전의 리본의 길이는 273 cm입니다.

12 (동생) : (형) $= 8 : 12 = 2 : 3$

(동생) $= 25 \times \frac{2}{2+3} = 10$(개)

13 (양초가 1분 동안 타는 길이)

$= 4\frac{2}{5} \div 3\frac{1}{3} = \frac{22}{5} \times \frac{3}{10} = \frac{33}{25}$ (cm)

(양초가 $13\frac{1}{5}$ cm 타는 데 걸리는 시간)

$= 13\frac{1}{5} \div \frac{33}{25} = \frac{66}{5} \times \frac{25}{33} = 10$(분)

14 어제 사용 후 남은 용돈의 $1 - \frac{1}{4} = \frac{3}{4}$이 2400원을 뜻하므로 남은 용돈은 $2400 \div \frac{3}{4} = 3200$(원)입니다.

또, $3200 + 1000 = 4200$(원)이 어머니께 받은 용돈의 $1 - \frac{1}{3} = \frac{2}{3}$에 해당하므로

어머니께 받은 용돈은

$4200 \div \frac{2}{3} = 6300$(원)입니다.

$6300 \times \frac{1}{10} = 630$(원)입니다.

15 $34.57 \div 1.3 = 26.592 \cdots$

반올림하여 소수 첫째 자리까지 구하면 26.6이

고 소수 둘째 자리까지 구하면 26.59입니다.

㉠ $= 26.6 - 26.59 = 0.01$이므로

㉠ $\times 100 = 0.01 \times 100 = 1$입니다.

16 1시간 18분 $= 1\frac{18}{60}$ 시간 $= 1.3$시간이므로

$65.79 \div 1.3 = 50.6 \cdots$

따라서 1시간에 간 거리를 반올림하여 자연수로 나타내면 51 km입니다.

17 위에서 본 모양을 기준으로 사용된 쌓기나무의 개수를 나타내면 다음과 같습니다.

최소

	1	3
3	1	1
1	2	1

최대

	2	3
3	2	3
2	2	2

사용된 쌓기나무는 최소

$1+3+3+1+1+1+2+1 = 13$(개)입니다.

18 두 번째 : $1 \times 8 = 8$(개)

네 번째 : $2 \times 8 = 16$(개)

여섯 번째 : $3 \times 8 = 24$(개)

여덟 번째 : $4 \times 8 = 32$(개)

$\vdots$

50번째 : $25 \times 8 = 200$(개)

19 $1\frac{2}{5} = \frac{7}{5}$이므로

(논의 넓이) : (밭의 넓이) $= 7 : 5$입니다.

밭의 넓이를 □ m^2라 하면

$7 : 5 = 315 : \square$

$7 \times \square = 5 \times 315$

$\square = 45 \times 5$

$\square = 225$

따라서 밭의 넓이는 225 m^2입니다.

20 가 $\times \frac{1}{3} =$ 나 $\times \frac{4}{9}$

가 : 나 $= \frac{4}{9} : \frac{1}{3}$

$= \left(\frac{4}{9} \times 9 \right) : \left(\frac{1}{3} \times 9 \right)$

$= 4 : 3$

■ + ▲ $= 4 + 3 = 7$

21 $4\dfrac{4}{5} \div \dfrac{\bigcirc}{15} = \dfrac{24}{5} \times \dfrac{15}{\bigcirc} = \dfrac{72}{\bigcirc}$ 가 자연수이므로

$\bigcirc$은 72의 약수입니다.

$\dfrac{\bigcirc}{14} \div \dfrac{3}{7} = \dfrac{\bigcirc}{14} \times \dfrac{7}{3} = \dfrac{\bigcirc}{6}$ 이 자연수이므로

$\bigcirc$은 6의 배수입니다.

72의 약수 중 6의 배수는

6, 12, 18, 24, 36, 72이므로

6＋12＋18＋24＋36＋72＝168입니다.

22 (첫 번째로 튀어 오른 공의 높이)

＝64÷0.8＝80(cm)

(처음 공의 높이)

＝80÷0.8＝100(cm)

이 공이 떨어진 높이는 1 m입니다.

23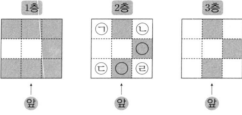

쌓기나무가 1층에 7개, 3층에 3개 놓여 있으므로 2층에 놓여야 하는 쌓기나무는

15－7－3＝5(개)입니다.

또 3층까지 쌓으려면 2층의 ○표 한 부분에 쌓기나무가 놓여 있어야 합니다.

2층 모양은 1층 위에 쌓기나무를 쌓아야 하므로 ㉠, ㉡, ㉢, ㉣ 중에서 더 쌓을 수 있습니다.

2층의 ㉠, ㉡, ㉢, ㉣ 자리에 나머지 2개가 놓이는 경우를 알아보면

(㉠, ㉡), (㉠, ㉢), (㉠, ㉣),

(㉡, ㉢), (㉡, ㉣), (㉢, ㉣)

이므로 쌓을 수 있는 모양은 6가지입니다.

24 맞물려 돌아가는 두 톱니바퀴의 톱니 수와 회전수의 곱은 항상 일정하므로

35×(㉮의 회전수)＝28×(㉯의 회전수)입니다.

(㉮의 회전수) : (㉯의 회전수)

＝28 : 35＝4 : 5입니다.

➡ 4 : 5＝200 : □, 4×□＝5×200

□＝250(바퀴)

25 지난해 남녀 학생 수의 $\dfrac{1}{50}$이 증가하면

$1350 \times \dfrac{1}{50} = 27$(명)이 증가해야 하지만 39명

이 늘어난 이유는 여학생이 $\dfrac{1}{50}$보다 많은 $\dfrac{1}{25}$

이 증가했기 때문입니다.

지난해 여학생 수는

$(39-27) \div \left(\dfrac{1}{25} - \dfrac{1}{50} \right) = 600$(명)입니다.

26 ㉠에 들어갈 분수는 분모가 10보다 작고,

$\dfrac{3}{4} \left(= \dfrac{6}{8} \right)$보다 작은 기약분수이므로

$\dfrac{1}{2}, \dfrac{1}{3}, \dfrac{2}{3}, \dfrac{1}{4}, \dfrac{1}{5}, \dfrac{2}{5}, \dfrac{3}{5}, \dfrac{1}{6}, \dfrac{1}{7}, \dfrac{2}{7}, \dfrac{3}{7},$

$\dfrac{4}{7}, \dfrac{5}{7}, \dfrac{1}{8}, \dfrac{3}{8}, \dfrac{5}{8}, \dfrac{1}{9}, \dfrac{2}{9}, \dfrac{4}{9}, \dfrac{5}{9}$입니다.

따라서 ㉠에 들어갈 분모가 10보다 작은 기약분수는 모두 20개입니다.

27

$$
\begin{array}{r}
㉮=3+1.2+0.48+0.192+\cdots \\
-)0.4 \times ㉮=1.2+0.48+0.192+\cdots \\
\hline
0.6 \times ㉮=3 \\
㉮=3 \div 0.6=5
\end{array}
$$

28 (배의 수)$=28 \times \dfrac{4}{(4+3)}=16$(개)

(사과의 수)$=28 \times \dfrac{3}{(4+3)}=12$(개)

배 한 개가 (11×□)원이라면 사과 한 개는 (6×□)원이므로

16×11×□＋12×6×□＝49600,

□＝200입니다.

배 한 개는 11×200＝2200(원),

사과 한 개는 6×200＝1200(원)입니다.

➡ ■ $\times \dfrac{1}{10} = 1200 \times \dfrac{1}{10} = 120$

29 모눈의 크기가 정육면체의 한 면의 크기와 같은 모눈종이 위에 선분 ㄱㄴ을 한 변으로 하는 정사각형을 그리고 그 넓이를 살펴보면 다음과 같이 모눈종이 5칸의 넓이와 같습니다.

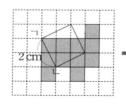

쌓기나무 5면의 넓이는 $2 \times 2 = 4(\text{cm}^2)$이므로
한 면의 넓이는 $4 \div 5 = 0.8(\text{cm}^2)$입니다.
따라서 겉넓이는 쌓기나무의 면 54개의 넓이와
같으므로
$54 \times 0.8 = 43.2(\text{cm}^2)$입니다.
➡ $\bigcirc \times 10 = 43.2 \times 10 = 432$

30 (두 번째 튀어 오른 높이)
$= 22.4 \div 0.8 + 20$
$= 48(\text{cm})$
(첫 번째 튀어 오른 높이)
$= 48 \div 0.8 - 20$
$= 40(\text{cm})$
처음 공의 높이는 땅바닥에서부터
$40 \div 0.8 + 20 = 70(\text{cm})$인 곳입니다.

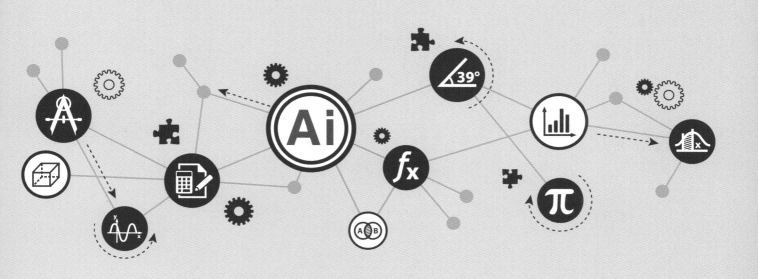

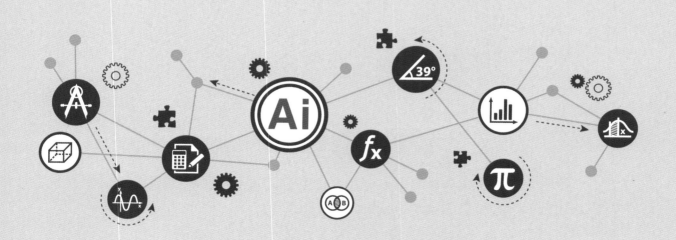